半小时Arduino编程

樊　攀
樊胜民　编著

化学工业出版社
·北京·

内容简介

Arduino 是一款便捷灵活、方便上手的开源电子原型平台，Arduino 能通过各种各样的传感器来感知环境。《半小时 Arduino 编程》引导读者利用 Arduino Nano 主板与电子元件，在面包板上轻松搭建电路，在掌握电子基础知识、Arduino 基础知识的同时，掌握编程知识、锻炼动手能力、激活思维。

本书共分为四章，第一章介绍电子元器件的基础知识；第二章介绍 Arduino 开发平台基础知识；第三章主要介绍串口输入与输出、数字输入与输出、模拟输入与输出等 Arduino 编程基础知识；第四章包含 40 个智趣编程项目，每个项目包含实现效果、工作原理、所需器材、电路图、硬件连接、器材布局、实物布局、程序编写以及程序解析等内容，让读者在实践中加深对 Arduino 编程的理解，迅速提升电子制作能力。

本书适合 Arduino 的初学者和电子制作爱好者，尤其是青少年读者学习参考，还可作为兴趣小组活动、科技制作培训的教材。

图书在版编目（CIP）数据

半小时Arduino编程 / 樊攀，樊胜民编著. -- 北京 : 化学工业出版社，2025. 10. -- ISBN 978-7-122-48874-9

Ⅰ. TP368.1

中国国家版本馆CIP数据核字第2025XC6870号

责任编辑：王清颢　宋　辉　　文字编辑：赵　越
责任校对：李雨晴　　装帧设计：王晓宇

出版发行：化学工业出版社
（北京市东城区青年湖南街13号　邮政编码100011）
印　　装：北京瑞禾彩色印刷有限公司
710mm×1000mm　1/16　印张15½　字数288千字
2026年1月北京第1版第1次印刷

购书咨询：010-64518888
售后服务：010-64518899
网　　址：http://www.cip.com.cn
凡购买本书，如有缺损质量问题，本社销售中心负责调换。

定　　价：78.00元

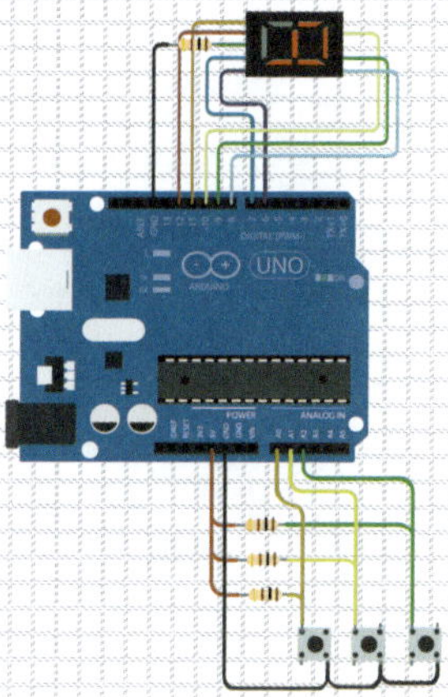

前言 PREFACE

Arduino 是一款便捷灵活、方便上手的开源电子原型平台，包含硬件（各种型号的 Arduino 板）和软件（ArduinoIDE）。Arduino 具有跨平台、简单清晰、开放性和发展迅速的特点，对于初学者来说，极易掌握，同时有着足够的灵活性，不仅可以节约学习成本，也可以大大缩短开发的周期，是全球最流行的开源硬件之一，也是一个优秀的硬件开发平台，更是硬件开发的趋势。

本书引导读者利用 Arduino Nano 主板与电子元件，在面包板上轻松搭建电路，全程无须焊接，操作简便，可使读者在掌握电子基础知识、Arduino 基础知识的同时，掌握编程知识、锻炼动手能力、激活思维。

本书共分为四章。

第一章　硬件基石：电子元器件基础知识

在 Arduino 项目制作中，我们离不开形形色色的电子元器件，它们各具特色：电阻身披斑斓彩衣，LED 闪烁迷人光芒，“能说会道”的小喇叭，而小巧的开关则精准掌控电流的通断等。熟练掌握这些常见器件的用法，便于趣味项目的创意实现与高效制作。

第二章　Arduino 开发平台

Arduino 主板可以完成很多有趣的实验，它可以接收常见传感器的输入信号，在程序中对检测到的信号发出指令，驱动 LED 或者控制电机等实现自动化控制。本章主要介绍 Arduino 开发平台基础知识。

第三章　Arduino 编程基础

Arduino 编程基础是基于开源硬件和软件的电子技术，使用编程语言来控制各种传感器以及其他外设。主要介绍串口输入与输出、数字输入与输出、模拟输入与输出等。

第四章　智趣编程项目

经过前面章节的学习，相信你已经掌握了 Arduino 制作相关的基础知识，你是不是已经迫不及待呢？ Arduino 究竟能带来哪些有趣的制作呢？本章包含 40 个有趣的编程项目，比如，你可以制作一个温度采集并报警的系统，当环境温度超过预设值时，系统会自动发出警报；或者你可以创意制作一个计数红绿灯。这些项目不仅实用，更能让你在制作中加深对 Arduino 编程的理解，迅速提升你的电子制作能力，用 Arduino 实现你的奇思妙想！

每个项目在本书中详尽地包含了以下要素：实现效果、工作原理、所需器材、电路图、硬件连接、器材布局、实物布局、程序编写以及程序解析等，读者不用担心硬件基础或编程水平如何，只需按照书中的详细制作步骤，便能成功完成每一个制作项目。

书中配套了教学视频（由于章节或项目标题经历了多次精心优化，以确保其准确性和吸引力，配套的视频讲解标题可能与书中标题存在细微差异，请读者理解）。这些视频旨在辅助读者学习，帮助读者更直观地理解和掌握项目内容。

本书适合 Arduino 的初学者和电子制作爱好者，尤其是青少年读者学习参考，还可作为兴趣小组活动、科技制作培训的教材。

为方便读者，本书编著者还为读者提供在线咨询。读者在阅读或实践过程中遇到问题，可通过电子邮件（fsm0359@126.com），或电话（18636369649）与编著者联系咨询。本书提及的所有元器件及套件，均可在樊胜民电子工作室的淘宝旗舰店轻松购得。

本书的编纂工作由樊攀与樊胜民共同完成，其间得到了张淑慧、樊茵、李帅等的协助。樊光雨为本书绘制了部分精美插图。尽管我们力求内容尽善尽美，但鉴于编写时间紧迫及个人能力所限，书中难免存在不足之处。在此，我们诚挚邀请广大编程爱好者及专业人士不吝赐教，您的宝贵意见将是我们不断进步的动力。

樊胜民电子工作室

目录 CONTENTS

第一章　**硬件基石：电子元器件基础知识**　001

第一节　面包板与面包线　002
第二节　发光二极管　003
第三节　电阻　004
第四节　电容　006
第五节　按键　007
第六节　蜂鸣器与扬声器　008

第二章　**Arduino 开发平台**　009

第一节　Arduino平台简介　010
第二节　安装Arduino IDE　011
第三节　Arduino Nano主板引脚功能介绍　019

第三章　**Arduino编程基础**　021

第一节　串口输入与输出　022
第二节　数字输入与输出　024
第三节　模拟输出与输入　025

第四章　**智趣编程项目**　031

项目1　花样追逐LED　032
项目2　OLED编程与硬件实战　038
项目3　OLED显示温湿度并串口报警　043
项目4　呼吸灯　048
项目5　智能调光台灯　052

项目6　电位器控制多个LED　056
项目7　按键控制LED亮灭　059
项目8　按键多面手　063
项目9　猜数字游戏　068
项目10　数码管自动循环显示数字　078
项目11　超声波测距OLED显示　082
项目12　74HC595控制LED　086
项目13　74HC595控制数码管　092
项目14　WS2812 LED编程控制　097
项目15　智能数显红绿灯　101
项目16　迷你电压表　111
项目17　18B20数字温度仪　115
项目18　DS3231高精度实时时钟　122
项目19　舵机智能控制探索　128
项目20　智能停车场　131
项目21　OLED显示汉字以及图片　136
项目22　火焰报警器　144
项目23　智慧厨房　147
项目24　人体感应自动开关灯　153
项目25　模拟“IDC”数据中心恒温恒湿环境　158
项目26　双按键实现LED亮度控制　166
项目27　OLED骰子　169
项目28　解锁遥控按键值之谜　178
项目29　智能遥控调速风扇　183
项目30　步进电机应用　188
项目31　模拟微型气象站　192
项目32　利用MAX7219点阵屏模块显示温湿度　200
项目33　智能无级调速风扇　205
项目34　智能晾衣架　210
项目35　智能花盆　214
项目36　摇杆趣味控制风扇　220
项目37　炫彩音乐喷泉　224
项目38　利用中断函数切换LED状态　227
项目39　模拟救护车音效　230
项目40　智能数显保温杯　233

附录：所需器材清单及图示　239

第一章

硬件基石：电子元器件基础知识

在 Arduino 项目制作中，我们离不开形形色色的电子元器件，它们各具特色：电阻身披斑斓彩衣，LED 闪烁迷人光芒，“能说会道”的小喇叭，而小巧的开关则精准掌控电流的通断……熟练掌握这些常见器件的用法，便于趣味项目的创意实现与高效制作。

第一节 面包板与面包线

Arduino 的初学者，建议用面包板搭建电子制作平台。按照设计的电路图在面包板上插接电子元件，全程无须焊接、操作简便，且如果某个元件错了可以拔下来重新插接，元器件可以重复利用，对新手非常友好。如图 1-1-1，是 800 孔面包板。

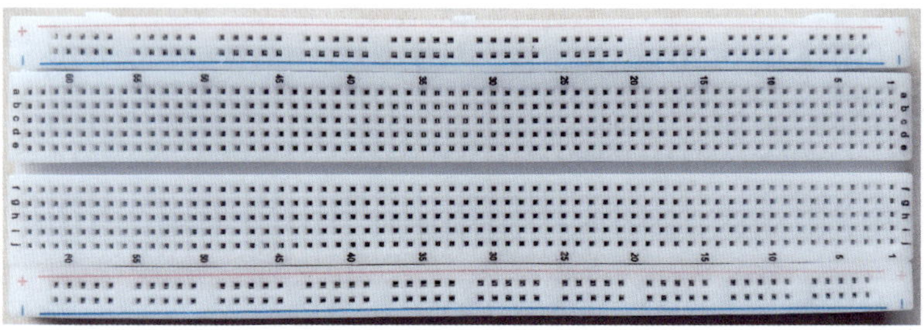

面包板

图1-1-1 面包板

面包板小孔内含金属弹片，金属弹片质量好坏直接决定整块面包板的优劣。面包板顶部与底部的红蓝两条线，是为了便于布线，红色线一般接电源的正极(VCC)，蓝色线接电源的负极（GND）。800 孔面包板内部连线关系如图 1-1-2。

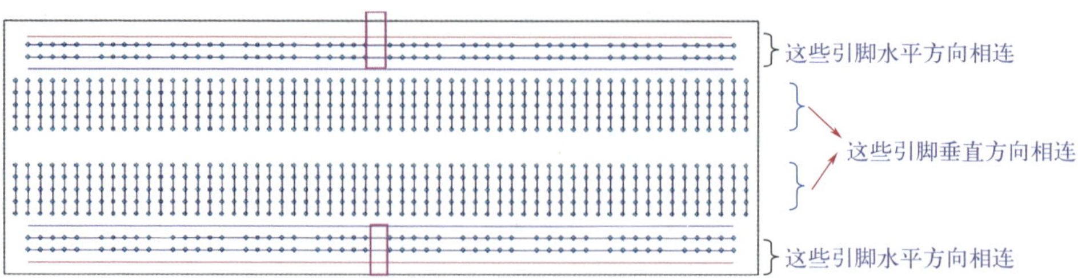

图1-1-2 面包板内部连接示意图（有些面包板在图中矩形框内是断开的）

面包线的两端有大约 1cm 长的金属针，如图 1-1-3，可以插到面包板的小孔内。

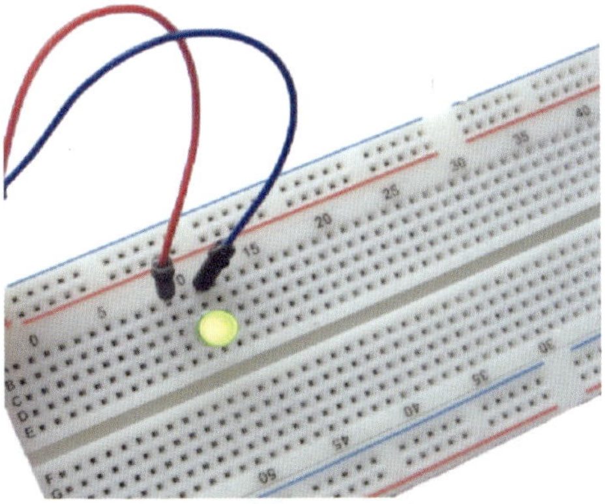

图1-1-3　面板线与面包板连接

面包线

第二节 发光二极管

如今采用 LED（也叫发光二极管）的产品越来越多，从家用电器到照明系统，从汽车大灯到智能设备，LED 凭借其高效能、低功耗、寿命长等优点，成为了电子产品中不可或缺的一部分。从图 1-2-1 中可以看出 LED 有两个引脚，并且长短不一。本书主要采用 5mm 的 LED。

图1-2-1　10mm LED（左）和5mm LED（右）

LED

发光二极管的图形符号如图 1-2-2（a）所示，用字母 LED 表示；电池图形符号如图 1-2-2（b）所示，用字母 BT 表示（在电路图中用图形符号代替实物）。

LED 属于半导体器件，在使用中需要区分正负极（也可以称为阳极与阴极）。一般 LED 长的引脚是正极，短的是负极，如图 1-2-3。

发光二极管两端的电压以及电流要符合它的参数要求。5mm LED 电压：一般情况下红、黄颜色为 1.8～2.1V，绿的为 2.0～2.2V，白的一般为 3.0～3.6V，电流一般不要高于 20mA。

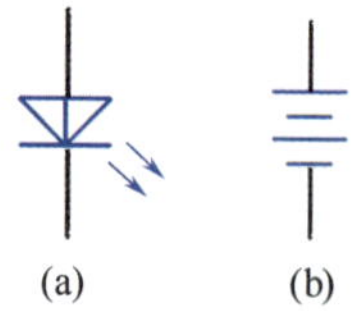

图1-2-2　LED 与电池图形符号

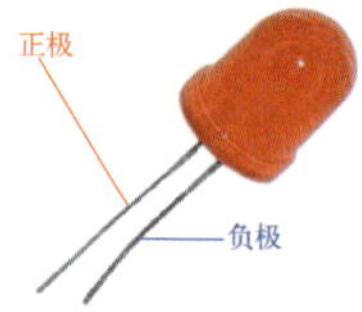

图1-2-3　LED正负极

第三节　电　阻

电阻器简称电阻，在电路中主要的作用是控制电流的大小，也就是降低电压限制电流，选择合适的电阻就可以将电流限制在要求的范围内。在使用中不需要区分正负极。

电阻如图 1-3-1。

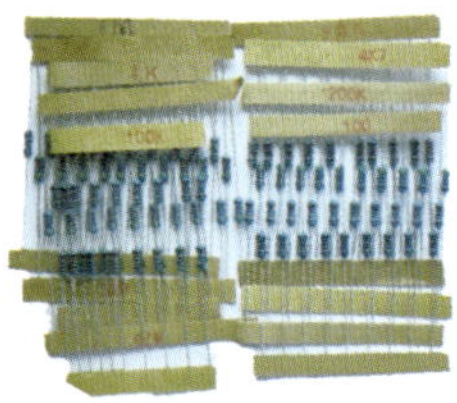

图1-3-1　电阻

1. 固定电阻

固定电阻图形符号如图 1-3-2，用字母 R 表示。

图1-3-2　固定电阻的图形符号

电阻

电阻单位是欧姆，简称欧（Ω），常用的单位还有千欧（kΩ）、兆欧（MΩ）。它们之间的换算关系如下：

$$1\text{M}\Omega = 1000\text{k}\Omega$$

$$1\text{k}\Omega = 1000\Omega$$

小功率的电阻一般在外壳上印制有色环，色环代表阻值以及误差。以五色环电阻为例讲解，如图 1-3-3。

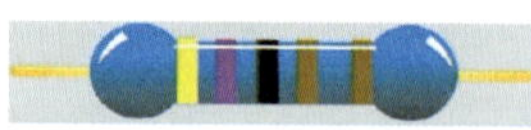

图1-3-3　五色环电阻

五色环电阻表示方法，如表 1-3-1。

对于五色环电阻，前三道色环表示有效数字，第四道色环表示添零的个数（也就是需要乘以 10 的几次方），第五道色环表示误差。计算出阻值的单位是欧姆。

比如一个电阻的色环分别是黄、紫、黑、棕、棕。

对应的电阻是 470 × 10，也就是 4.7kΩ，误差是 ±1%。

表 1-3-1　五色环电阻的表示方法

色环颜色	第一道色环	第二道色环	第三道色环	第四道色环	第五道色环
黑	0	0	0	10^0	—
棕	1	1	1	10^1	±1%
红	2	2	2	10^2	±2%
橙	3	3	3	10^3	—
黄	4	4	4	10^4	—
绿	5	5	5	10^5	±0.5%
蓝	6	6	6	10^6	±0.25%
紫	7	7	7	10^7	±0.1%
灰	8	8	8	10^8	—
白	9	9	9	10^9	—
金	—	—	—	10^{-1}	—
银	—	—	—	10^{-2}	—

对于五色环电阻，大多数电阻用棕色表示误差，棕色色环是有效色环还是误差色环，就要认真区分了，一般情况下，第四道色环与第五道色环之间的间距稍大，实在不能区分，只能借助万用表测量。

2. 可调电阻

与固定电阻相对应的还有可调电阻，它的阻值可变，又称为可变电阻器。可调电阻图形符号如图 1-3-4，用字母 RP 表示。

电位器是可调电阻的一种，如图 1-3-5。外观标注 100K，代表它的电阻可调范围是 0～100kΩ。

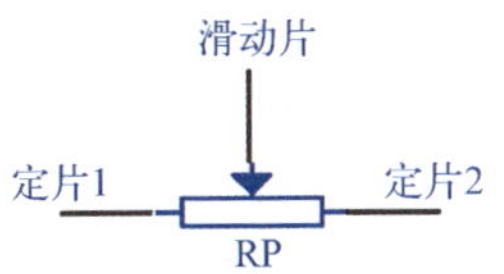

图1-3-4　可调电阻的图形符号

图1-3-5　电位器

可调电阻

3. 光敏电阻

光敏电阻的阻值随光照强弱而改变，对光线比较敏感。光线暗时，阻值升高；光线亮时，阻值降低。智能手机利用光敏电阻实现亮度自动控制，手机设置中

"自动亮度"如图 1-3-6，在使用手机时，在强光下看得更清晰，而光线暗时屏幕不刺眼（屏幕亮度自动降低），能随时根据周围环境光线的强弱调节手机的亮度。这个小小的光敏电阻（如图 1-3-7），就是保护眼睛的神器，同时它还可以延长电池的使用时间。

光敏电阻的图形符号如图 1-3-8，用字母 RG 表示。

图1-3-6　智能手机"自动亮度"图标

光敏电阻

图1-3-7　光敏电阻

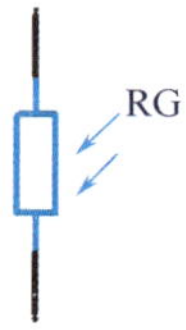

图1-3-8　光敏电阻的图形符号

第四节 电　容

电容是电容器的简称，它是一种能充放电的重要电子元器件（本书不涉及电容相关项目制作）。主要有两大类：

一类是在使用中无极性之分(也就是在使用中不需要区分正负极)的电容，比如独石电容、涤纶电容，无极性电容图形符号如图 1-4-1，用字母 C 表示。独石电容有耐压与容量两个重要参数，在使用中必须在低于耐压的环境下使用，如图 1-4-2。

图1-4-1　无极性电容图形符号

图1-4-2　独石电容

还有一类电容，需要区分正负极，极性不能搞错，例如铝电解电容、钽（tǎn）电解电容。电解电容是极性电容，在使用中正极需要接到高电位，负极接低电位。对于新购的电容，未使用以前，引脚长的是正极，短的是负极，如图 1-4-3。极性电容图形符号多了一个"+"号，带"+"号的一端是正极，另一端是负极，也用字母 C 表示。如图 1-4-4。

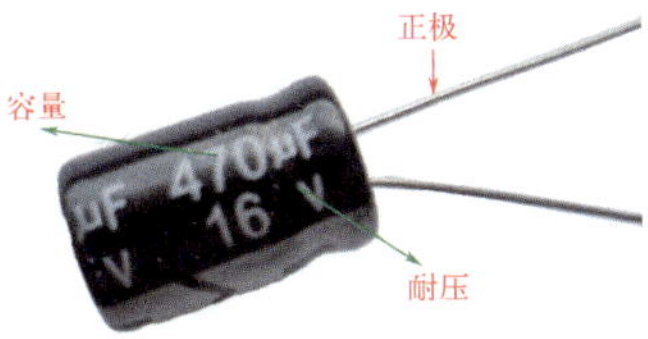

图1-4-3　电解电容参数以及正负极

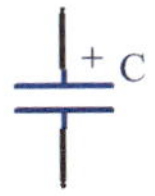

图1-4-4　极性电容图形符号

电容

电容的单位是法拉，简称法（F），但是此单位太大，常用的单位是微法（μF）、纳法（nF）、皮法（pF）。

它们之间的换算关系如下：

$$1F=10^6\mu F \qquad 1\mu F=10^6 pF \qquad 1nF=10^3 pF$$

第五节　按　键

按键又名微动开关，鼠标的左右键就是两个按键，按压时电路导通，不按压时电路断开。常见的按键有四个引脚与两个引脚两种。按键的图形符号如图 1-5-1（四个引脚）、图 1-5-2（两个引脚），用字母 S 表示，外观如图 1-5-3、图 1-5-4。

图1-5-1　按键图形符号（四个引脚）

图1-5-2　按键图形符号（两个引脚）

图1-5-3　四个引脚按键

图1-5-4　两个引脚按键

四个引脚按键接入电路示意如图 1-5-5 所示。

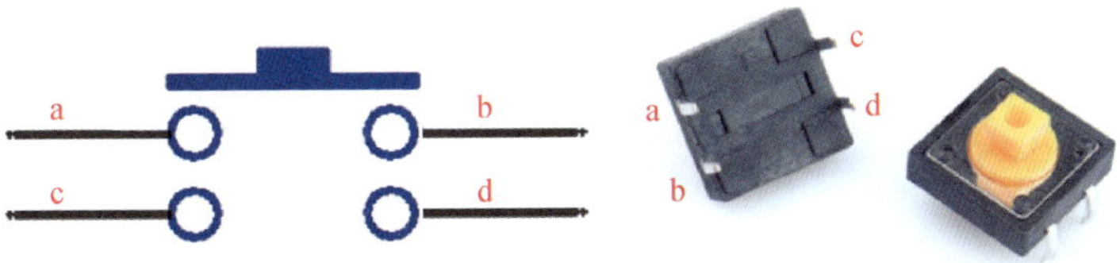

图1-5-5　四个引脚按键接入电路

图 1-5-5 中 ab、ad、cb、cd、ba、bc、da、dc 任意之一串联于电路中，都可以控制电流通断。注意：ac 内部是互通的，同理 bd 之间也是如此。

第六节 蜂鸣器与扬声器

电磁式蜂鸣器分为有源蜂鸣器与无源蜂鸣器。这里的“源”不是指电源，而是指振荡源，有源蜂鸣器内部带振荡源，所以只要通电就会响，一般用于报警发声、按键提示音等。而无源蜂鸣器内部不带振荡源，只能用 2～5kHz 的方波去驱动它，无源蜂鸣器的驱动方式与扬声器类似，可以播放音乐。

蜂鸣器的图形符号如图 1-6-1，用 HA 表示。它有两个引脚，在使用中需要区分正负极。图 1-6-2 是有源蜂鸣器，长的引脚是正极。

扬声器与
蜂鸣器

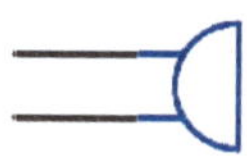

图1-6-1　蜂鸣器的图形符号

图1-6-2　有源蜂鸣器

扬声器的主要作用是将电信号转换为声音信号。扬声器的正反面如图 1-6-3、图 1-6-4。

扬声器一共有两个引脚，在实验中扬声器功率是 0.5W。

扬声器图形符号如图 1-6-5，用字母 BL（或 BP）表示。

图1-6-3　扬声器的正面

图1-6-4　扬声器的反面

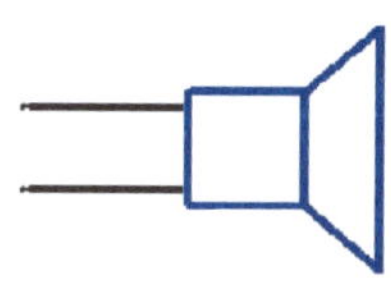

图1-6-5　扬声器图形符号

第二章

Arduino 开发平台

Arduino 主板可以完成很多有趣的实验，它可以接收常见传感器的输入信号，在程序中对检测到的信号发出指令，驱动 LED 或者控制电机等实现自动化控制。本章主要介绍 Arduino 开发平台基础知识。

第一节 Arduino平台简介

Arduino 是一套包含硬件和软件并且开源的电子制作平台，具备 I/O（输入 / 输出）端口。硬件部分是 Arduino 主板，如图 2-1-1；另一个则是 Arduino IDE 软件，如图 2-1-2，属于编写程序的开发环境。在 Arduino IDE 中编写程序代码，校验无误后，将程序下载到 Arduino 主板的单片机中，程序便会告知 Arduino 主板要做什么工作。

书中核心聚焦于 Arduino Nano 主板的应用，所有编程实践均基于该主板进行验证与优化。

图2-1-1　Arduino Nano主板正面和背面

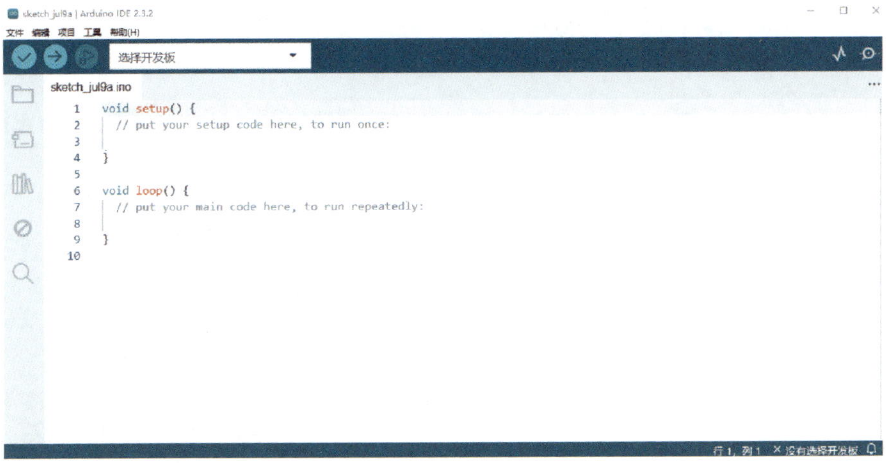

图2-1-2　Arduino IDE（2.3.2版本）

第二节　安装Arduino IDE

Arduino IDE 软件可以安装在 Windows、Mac、Linux 等操作系统中，本书的所有制作项目都是在 Windows 操作系统下开发完成的，本节演示在 Windows 10(64 位) 操作系统下安装 Arduino IDE 软件。

一、软件下载

登录 Arduino 官网，如图 2-2-1。

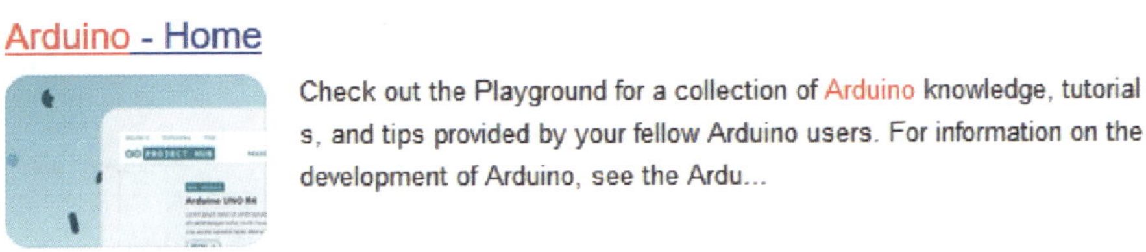

图2-2-1　Arduino官网

按照图 2-2-2 下载 Windows 操作系统需要安装的 Arduino IDE 软件。笔者编写本书时，Arduino IDE 2.3.2 是最新版本，2 系列版本软件界面与 1 版本还是有较大的区别。

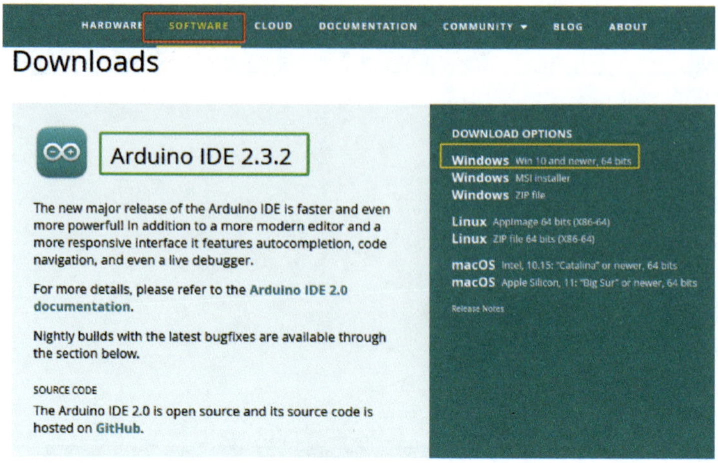

图2-2-2　按照操作系统选择下载软件

二、Arduino IDE 安装步骤

图 2-2-3 是下载的安装包。

步骤 1　安装开始，点击“我同意”，如图 2-2-4 所示。

步骤 2　选择为哪位用户安装，根据情况选择，这里选择“仅为我安装（Administrator）”，如图 2-2-5。

图2-2-3　安装包

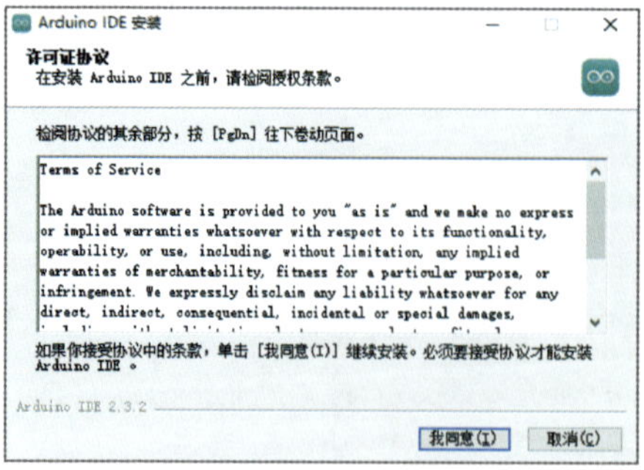

图2-2-4　开始安装

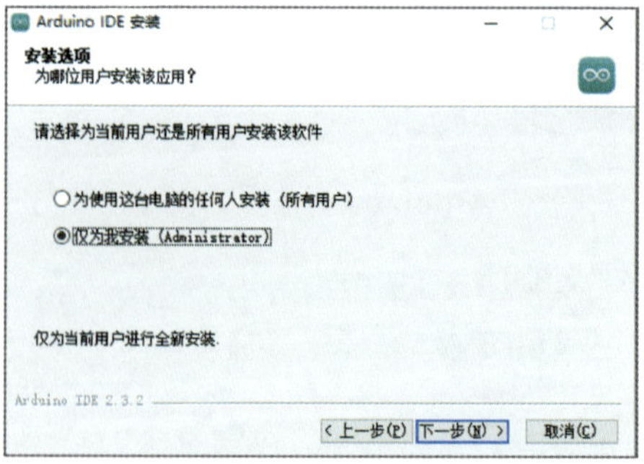

图2-2-5　选择用户

步骤 3　选择安装位置，建议安装 C 盘以外的位置，如图 2-2-6 演示安装在 F 盘。

步骤 4　安装完成，如图 2-2-7。

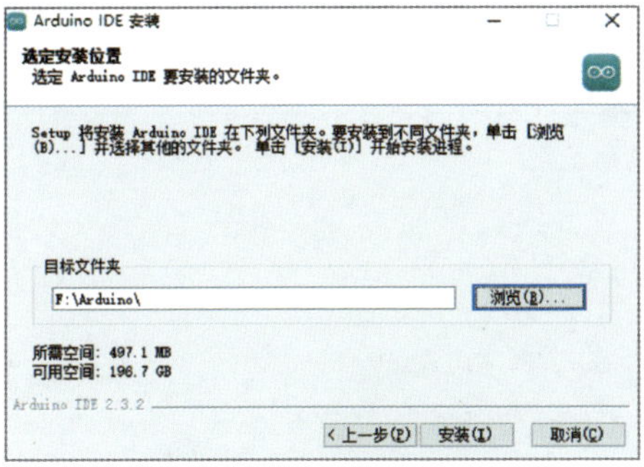

图2-2-6　选择安装位置

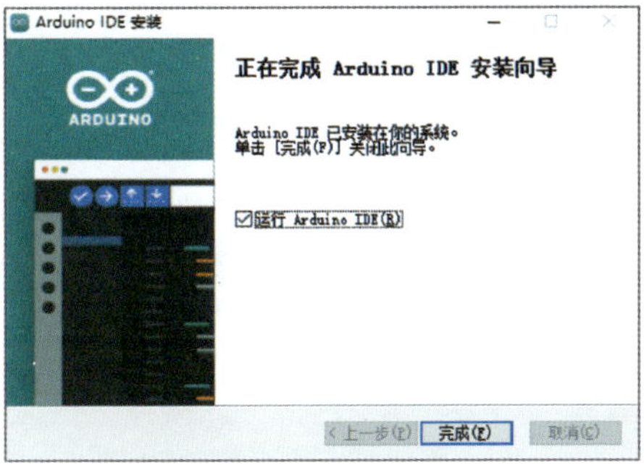

图2-2-7　安装完成

步骤 5　电脑通过数据线插上 Arduino Nano 主板，安装串口 (COM) 驱动与设置，如图 2-2-8～图 2-2-10。

图2-2-8　安装驱动

图2-2-9　驱动就绪

图2-2-10　点击“安装”

步骤 6　点击电脑设备管理器，查看 Arduino 主板虚拟的串口号，串口号是电脑分配的，不同的电脑，显示的串口号数字可能是不同的，笔者电脑显示的 COM3，如图 2-2-11。

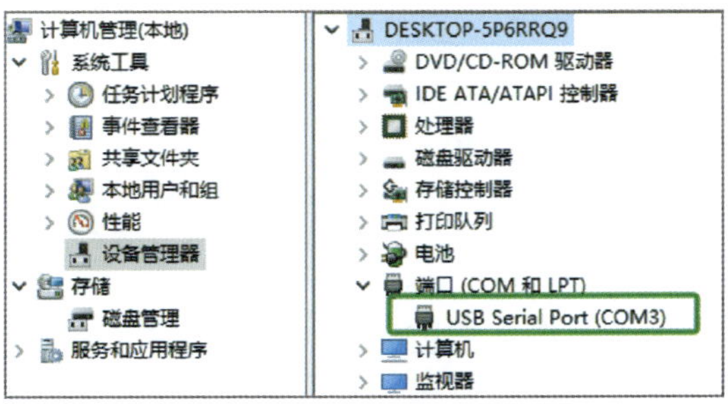

图2-2-11　查看串口号

三、基本设置

1. 编辑器语言更换为中文（简体）

按照 File-Preferences 选择，如图 2-2-12。

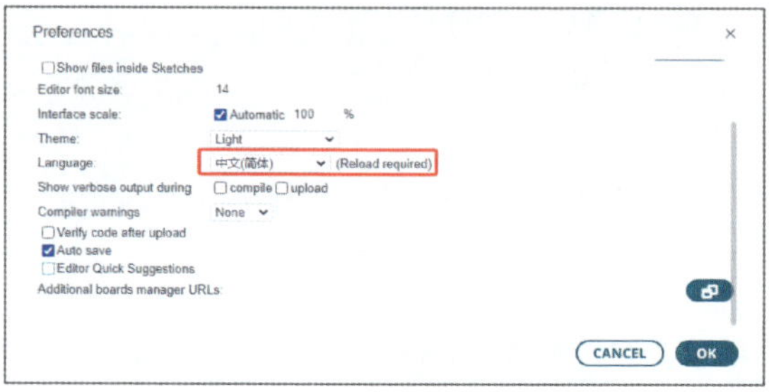

图2-2-12　更换语言为中文

2. 在“编辑快速建议”选项打钩

调整字体为 14（根据情况设置），同时在“编辑快速建议”前打上对钩，如图 2-2-13。

“编辑快速建议”前打上对钩，在编写程序时，能进行联想提示，如“digita”下方提示“digitalWrite”，如图 2-2-14。

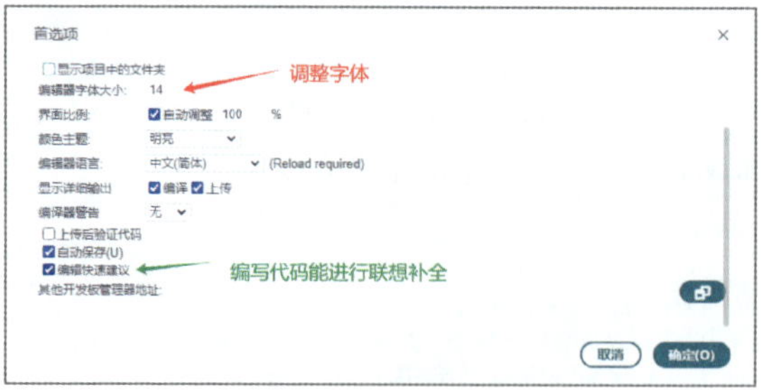

图2-2-13　进行相关设置

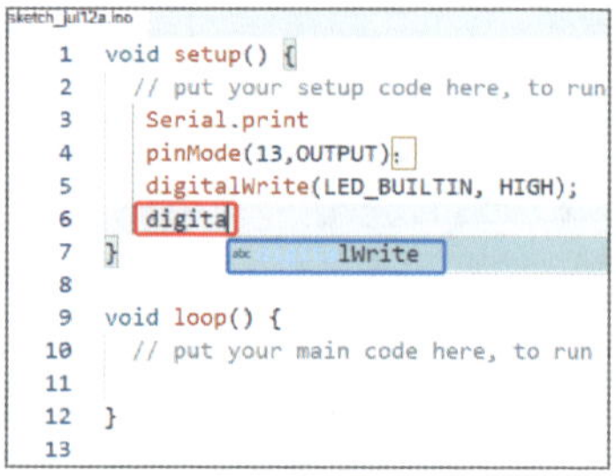

图2-2-14　演示“编辑快速建议”前打上对钩的作用

3. 选择 Arduino 主板、串口等

方法 1:

（1）Arduino IDE 界面，点击“选择开发板”-“选择其他开发板和接口”，

如图 2-2-15。

（2）搜索对应主板以及端口，如图 2-2-16。

方法 2:

“工具”中选择“开发板”与“端口”，如图 2-2-17。

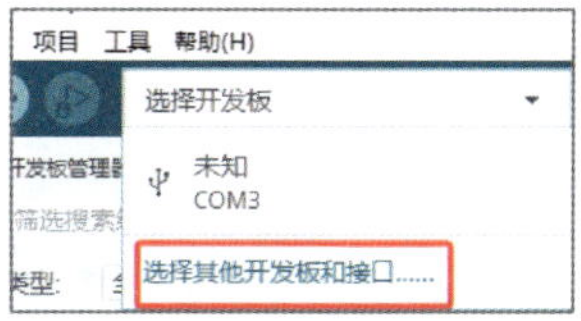

图2-2-15　选择开发板和接口

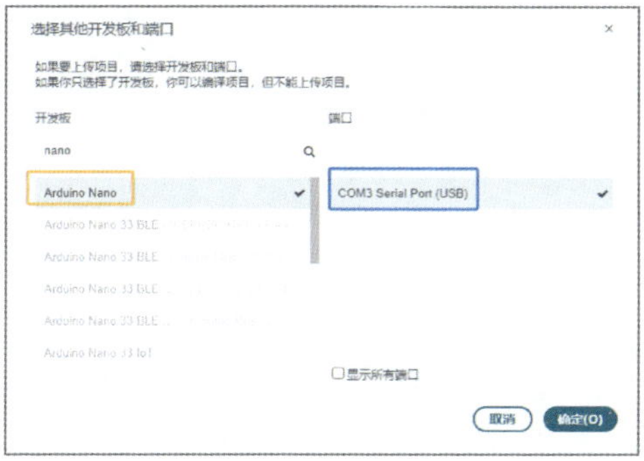

图2-2-16　搜索对应主板型号以及串口

图2-2-17　“工具”中选择“开发板”与“端口”

四、Arduino IDE 功能介绍

图 2-2-18 是 Arduino IDE 打开后布局。中间占据“半壁江山”的长方形就是程序代码编写区域。

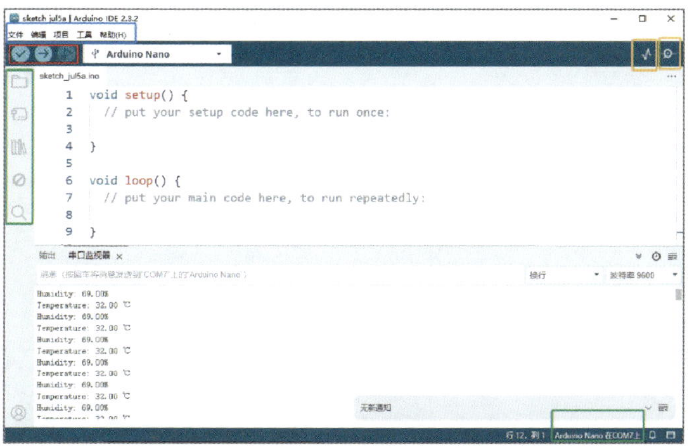

图2-2-18　Arduino IDE各个功能布局界面

1. 菜单栏

① 文件菜单如图 2-2-19 所示。

最常用的是“打开”与“Save”，在打开 Arduino IDE 软件时，在“首选项”中，可以设置程序的保存位置、语言、编辑器字体大小、其他开发板管理地址等。

② 编辑菜单如图 2-2-20。

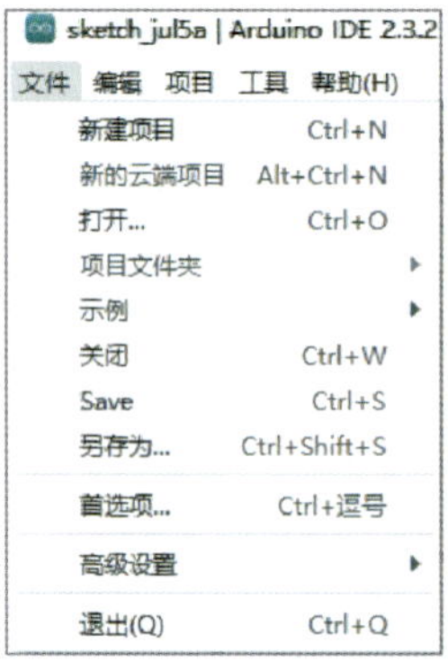

图2-2-19 文件菜单

图2-2-20 编辑菜单

常用的编辑选项为撤销、恢复、剪切、复制、粘贴、选择全部和查找等。快捷方式复制为 Ctrl+C、粘贴为 Ctrl+V、全选为 Ctrl+A、查找为 Ctrl+F。

③ 项目菜单如图 2-2-21。

“验证 / 编译”和工具栏中的编译相同。导入库可从“管理库”中搜索下载或者添加已经下载好的库文件。

④ 工具菜单如图 2-2-22。

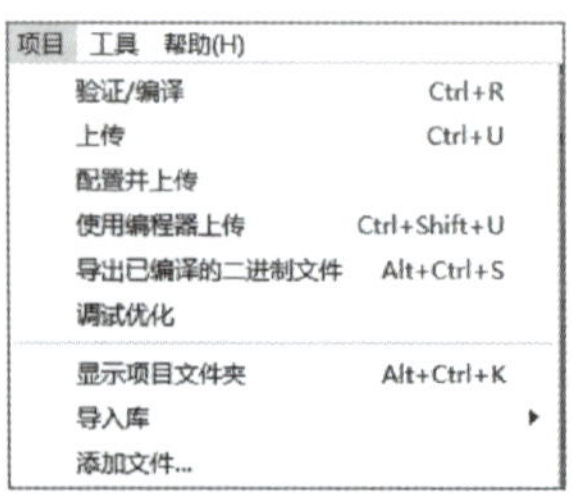

图2-2-21 项目菜单

图2-2-22 工具菜单

“自动格式化（Auto Format）”：可以整理代码的格式，包括缩进、括号，使程序更易读和规范。

“串口监视器（Serial Monitor）”：非常实用而且常用的选项，如果要与 Arduino 主板通信，当 Arduino 与电脑的串口波特率相同时，两者才能够进行通信。

“开发板”：用来选择串口连接的 Arduino 开发板型号。

“端口”：选择虚拟的 COM，一般会自动检测。

⑤ 帮助菜单：包括入门、故障排除和常见问题等。

2. 工具栏

 依次对应验证（检查程序有无错误）、上传（将程序从电脑中下载到 Arduino 主板中）、调试。鼠标放置在相应的图标上，后侧会提示相应的功能。

串口绘图仪。

串口监视器。

项目文件夹如图 2-2-23，可以创建新项目。

开发板管理器如图 2-2-24。

图2-2-23　项目文件夹

图2-2-24　开发板管理器

库管理如图 2-2-25，在此搜索库文件，进行安装。

调试与搜索如图 2-2-26。

图2-2-25　库管理

图2-2-26　调试与搜索

Arduino IDE 下方是程序编译与下载时输出的相关信息，如图 2-2-27。

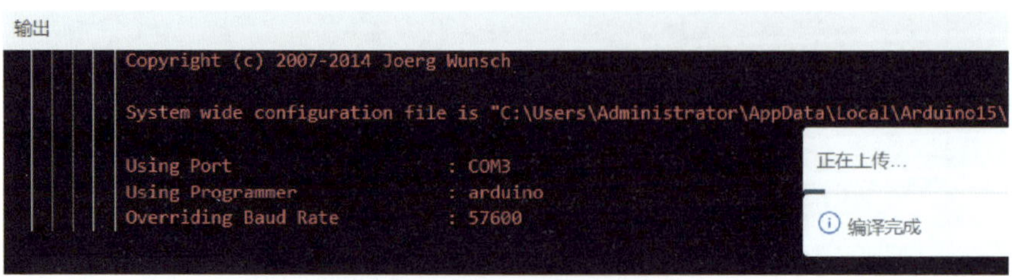

图2-2-27　输出信息

右下角显示主板以及串口信息，如图 2-2-28。

图2-2-28　右下角显示主板以及串口

第三节 Arduino Nano主板引脚功能介绍

Arduino Nano 外观尺寸较小，Nano 的引脚数量略多于 Uno，与 Uno 不同的是没有电源插座以及 USB 接口，是 Mini-B 型插座。Arduino Nano 可以直接插在面包板上使用。Arduino Nano 共有 14 个数字接口 D0～D13，其中 D3、D5、D6、D9、D10、D11 可以输出 PWM 信号，D0、D1 与串口的 TX 和 RX 共用。8 个模拟接口 A0～A7，其中 A0～A5 可以作为数字功能使用，对应的数字接口名称是 D14～D19，A6～A7 只具备模拟功能。

GND 是电源地端口，5V、3.3V 是电源正极。

四个 LED 灯：TX（灯）与 D0 相连，是串口 TX 数据指示灯（当 Arduino 向电脑传输数据时点亮）；RX（灯）与 D1 相连，是串口 RX 数据指示灯（当 Arduino 接收电脑传输数据时点亮）；PWR 是电源指示灯；L（灯）与 D13 相连，该 LED 的正极与数字接口 13 引脚相连接，当 13 引脚为高电平时，L（灯）点亮，当 13 引脚为低电平时，L（灯）熄灭。刚开始入门 Arduino 的第一个程序就是控制它的点亮或者闪烁。

Arduino Nano 图形符号如图 2-3-1。

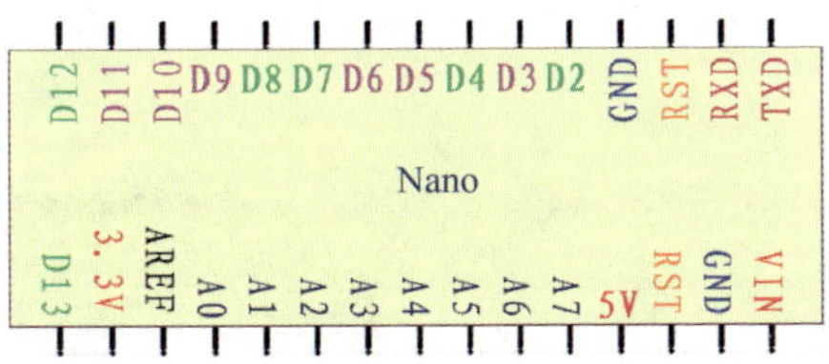

图2-3-1　Arduino Nano 图形符号

RST 引脚：功能与复位按键一样，之所以这样做，是因为如果不方便操作复位按键时，可以外接一个设备编写程序来实现自动复位功能。

I^2C 引脚：SDA（A4）、SCL（A5），用于连接具备 I^2C 协议的模块。

数字输入 / 输出引脚：其中 3、5、6、9、10、11 具备 PWM 功能，能提供 40mA（5V），点亮 LED 没有问题，但是驱动电机就显得力不从心。

USB 电源接口：通过 USB 接口供电，同时具备与电脑之间串口通信，编写完毕的程序就通过它下载到单片机中。

电源接口：3.3V 输出电源接口可以给外接模块等提供 3.3V 电压；5V 输出电源接口可以输出 5V 电压；

VIN：通过外接 DC 电源输入供电，供电电压 7～12V。

模拟引脚：用于采集、接收模拟量信号，可达到 10 位分辨率（即 1024 个不同的值）。

AREF：模拟参考电压输入端口，一般不用。

10010011
0011001010
[#]
{+}
100101
10010

第三章

Arduino 编程基础

Arduino 编程基础是基于开源硬件和软件的电子技术，使用编程语言来控制各种传感器以及其他外设。以下是 Arduino 编程基础的总结。

第一节 串口输入与输出

通过 Serial 相关函数实现 Arduino 的串口输入与输出。

1. 串口初始化

进行串口输出时，需通过 Serial.begin( ) 函数初始化串口，常用的波特率有 9600、115200 等等。

命令格式：Serial.begin(9600)

2. 串口输出

数据以文本形式发送到串口监视器。

命令格式：Serial.print( )

输出信息不能自动换行。

命令格式：Serial.println( )

输出信息可以自动换行。

编写程序

```
void setup( )
{
  Serial.begin(9600);  // 设置波特率为 9600
  Serial.print(" 打印：");
  Serial.println("Hello, Arduino Nano!");// 打印完毕进行换行
  Serial.print("Fan Shengmin Studio");
}
void loop( )
{
}
```

打开“**串口监视器**”，输出结果如图 3-1-1。

图3-1-1 串口输出

3. 串口输入

Serial.read( ) 用于从串口读取数据。一般与 Serial.available( ) 配合使用。

命令格式：Serial.read( )

编写程序

```
void setup( )
{
  Serial.begin(9600);
  pinMode(13, OUTPUT);   // 设置 D13 为输出模式
  digitalWrite(13, LOW);// 初始化 13 输出低电平
}
void loop( )
{
  if (Serial.available( ) > 0) // 如果串口有数据可读
  {
    char c = Serial.read( );// 从串口读入数据并且赋值给变量 c
if (c == '1' ) // 如果变量 c 等于 1
{
      digitalWrite(13, HIGH);//D13 输出高电平 ,LED 点亮
      Serial.println("Turn on the light- 打开灯光 ");// 串口输出相关信息
    }
if (c == '2' ) // 如果变量 c 等于 2
{
      digitalWrite(13, LOW); //D13 输出低电平 ,LED 熄灭
      Serial.println("Turn off the light- 关闭灯光 ");// 串口输出相关信息
    }
  }
}
```

程序上传完毕，打开“串口监视器”，输入“1”回车，串口输出“Turn on the light- 打开灯光”，同时主板 LED 点亮；输入“2”回车，串口输出“Turn off the light- 关闭灯光”，同时主板 LED 熄灭。如图 3-1-2。

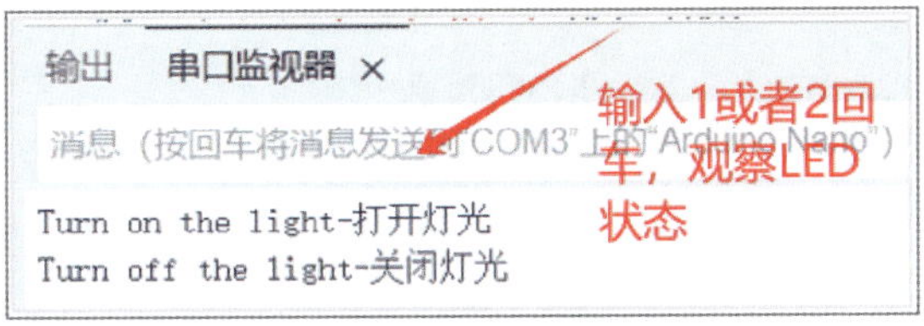

图3-1-2　串口输出

第二节 数字输入与输出

Arduino 主板上有多个数字 I/O 引脚，在 Arduino 编程中，通过 pinMode( ) 函数设置引脚模式为输入或输出状态，通过 digitalRead( ) 函数读取输入引脚电平状态（高电平或者低电平），以及通过 digitalWrite( ) 函数向输出引脚写入高电平或低电平。

1. 设置引脚为输入模式（2 种命令格式）

将引脚设置为输入模式，但不启动内部上拉电阻。如引脚悬空，电平状态不确定。一般引脚接上拉电阻。

命令格式：pinMode(pin，INPUT)

将引脚设置为输入模式，但启动内部上拉电阻。如引脚悬空，电平状态为高电平。

命令格式：pinMode(pin，INPUT_PULLUP)

一般将 pinMode( ) 放置于 setup( ) 函数中。

2. 设置引脚为输出模式

用于将指定的引脚设置为输出模式。

命令格式：pinMode(pin，OUTPUT)

3. 读取输入引脚电平状态

读取引脚（pin）的电平状态，通过 digitalRead( ) 函数，读取输入引脚电平状态为高电平（HIGH，通常为 5V 或 3.3V）或低电平（LOW，通常为 0V）。

一般情况首先定义变量，例如变量“i”，再通过 digitalRead(pin) 命令读取引脚电平状态赋值给变量 i。

命令格式：int i=digitalRead(pin)

编写程序

```
void setup( )
{
  pinMode(13, OUTPUT);        //设置 13 脚为输出模式
  digitalWrite(13, HIGH);   //设置 13 脚输出高电平
  Serial.begin(9600);         //配置串口波特率
}
void loop( )
{
```

```
  int i = digitalRead(13);  // 读取 13 脚电平状态
  Serial.println(i);        // 打印
  delay(1000);              // 延时 1s
}
```

如图 3-2-1，D13 由于输出高电平，读取 D13 脚电平状态为 1。

图3-2-1　串口输出

4. 输出高低电平状态

数字引脚输出高低电平的命令是通过 digitalWrite( ) 函数实现的。输出高电平（HIGH）或低电平（LOW）。

命令格式：digitalWrite(pin, HIGH)　// 输出高电平

　　　　　digitalWrite(pin, LOW)　// 输出低电平

编写程序

```
void setup( )
{
  pinMode(13, OUTPUT);  // 设置 13 脚为输出模式
}
  void loop( )
{
    digitalWrite(13, HIGH);  // 设置 13 脚输出高电平
    delay(1000);             // 延时 1s
    digitalWrite(13, LOW);   // 设置 13 脚输出低电平
    delay(1000);             // 延时 1s
  }
```

程序运行结果：Arduino　Nano 主板 D13 引脚的 LED 呈现点亮 1s，熄灭 1s。

第三节 模拟输出与输入

1. 模拟输出

模拟输出是通过 PWM 模式在特定数字引脚模拟电压信号，能产生一个

0～5V 电压，通过 analogWrite( ) 函数实现模拟输出，可以驱动 LED、舵机等外部设备。

命令格式：analogWrite(pin，*i*)，其中 *i* 的数字范围 0～255，pin 为采用支持 PWM 模式的引脚。引脚为 3、5、6、9、10、11。

analogWrite(pin，0) 引脚输出 0V，analogWrite(pin，255) 引脚输出 5V。

小项目 LED逐渐点亮

（1）电路图如图 3-3-1。

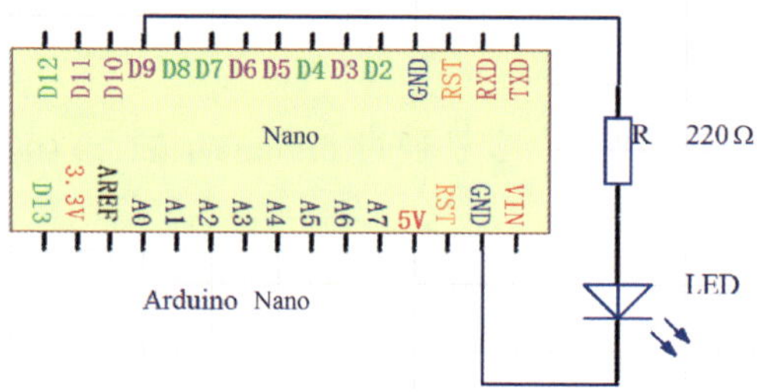

图3-3-1 电路图

（2）器材布局如图 3-3-2。

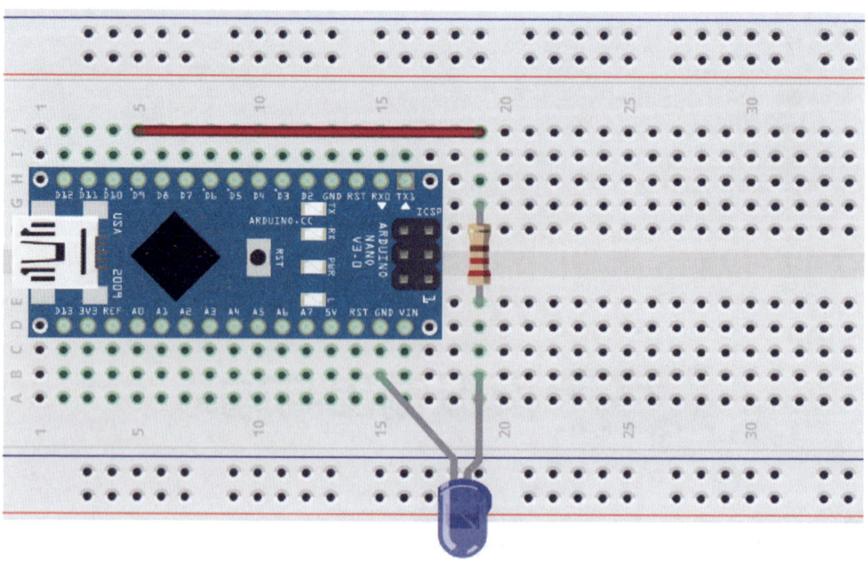

图3-3-2 布局示意图

（3）实物布局如图 3-3-3。

图3-3-3 实物布局图

（4）编写程序

```
  void setup(  )
{
  Serial.begin(9600);
}
// 实现 LED 亮度逐渐递增
void loop(  )
{
  analogWrite(9, 0);   // 输出 0V
  delay(1000);
  analogWrite(9, 64);   // 输出约 1.25V
  delay(1000);
  analogWrite(9, 127);   // 输出约 2.5V
  delay(1000);
  analogWrite(9, 255);   // 输出 5V
  delay(1000);
}
```

2. 模拟输入

Arduino 通过模拟输入引脚读取各种传感器的数据，如光敏电阻、可调电阻等等。使用 analogRead(　) 函数读取模拟输入引脚上的电压值。该函数返回一个 0～1023 之间的整数，对应电压为 0～5V。Arduino Nano 模拟引脚为 A0～A7，其中 A0～A5 可以作为数字引脚使用。

命令格式：analogRead(pin)

小项目　读取电位器模拟量

（1）电路图如图 3-3-4。

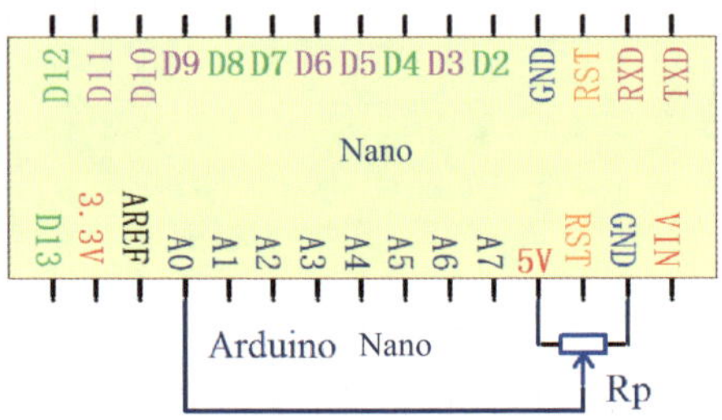

图3-3-4　电路图

（2）器材布局如图 3-3-5。

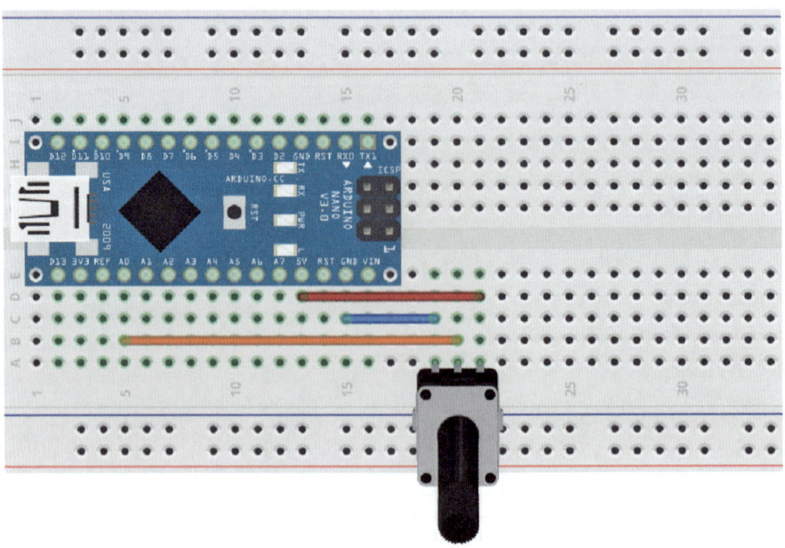

图3-3-5　布局示意图

（3）实物布局如图 3-3-6。

图3-3-6　实物布局图

（4）编写程序

```
void setup( )
{
  Serial.begin(9600);
}
void loop( )
{
  int a = analogRead(A0);   //A0 采集模拟量
  Serial.print(" 输入模拟量 =");
  Serial.println(a);
  delay(500);
}
```

串口显示如图 3-3-7。

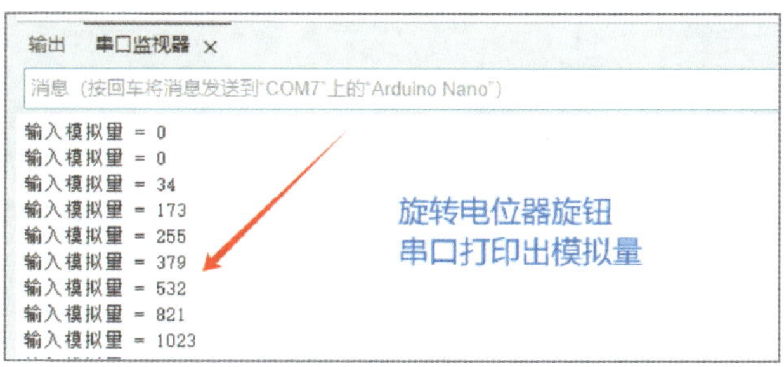

图3-3-7　串口显示

10010011
0011001010
100101
10010

第四章

智趣编程项目

经过前面章节的学习，相信你已经掌握了 Arduino 制作相关的基础知识，你是不是已经迫不及待想要开始实践了呢？ Arduino 究竟能带来哪些有趣的制作呢？本章为大家带来 40 个有趣的编程项目，大家一起来体验一下通过动手实现功能、解决问题的成就感。比如，你可以制作一个温度采集并报警的系统，当环境温度超过预设值时，系统会自动发出警报；或者你可以制作一个创意计数红绿灯。这些项目不仅实用，更能让你在制作中加深对 Arduino 编程的理解，迅速提升你的电子制作能力，用 Arduino 实现你的奇思妙想！

项目1 花样追逐LED

花样追逐 LED，是利用编程实现动态变化的 LED 照明系统。通过控制 LED 的亮灭、闪烁频率以及移动等实现显示效果，常应用于舞台、广告牌等视觉体验，见图 4-1-1。

扫码看视频讲解

图4-1-1 完成效果图

• 实现效果

采用多组图 4-1-2 所示的电路，通过程序控制 LED 点亮或者熄灭，达到不同的 LED 显示效果。

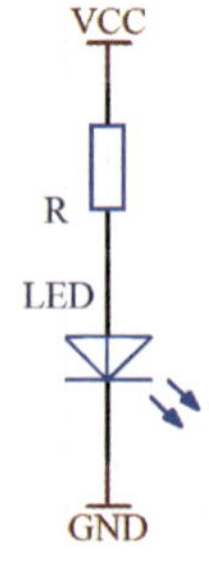

图4-1-2 点亮LED示意图

• 工作原理

Arduino Nano 主板 I/O（即 IN/OUT）能输出高低电平，高电平指 +5V，低电平指 0V（GND）。如图 4-1-2 电路，VCC 采用 5V，电阻 R 采用 220Ω，与 LED 组成一个简单电路，LED 就能点亮。如果将

VCC 换为 I/O 接口，当数字接口输出高（低）电平就可以控制 LED 点亮（熄灭）。

• 所需器材

见表 4-1-1。

表 4-1-1 所需器材一览表

序号	名称	规格	数量
1	电阻	220Ω	9
2	LED	5mm-红	3
3	LED	5mm-绿	3
4	LED	5mm-蓝	3

注：表中仅列本实验所需个性化器件，其他如面包板、导线、主板等不再列出，余同。

• 电路图

如图 4-1-3。

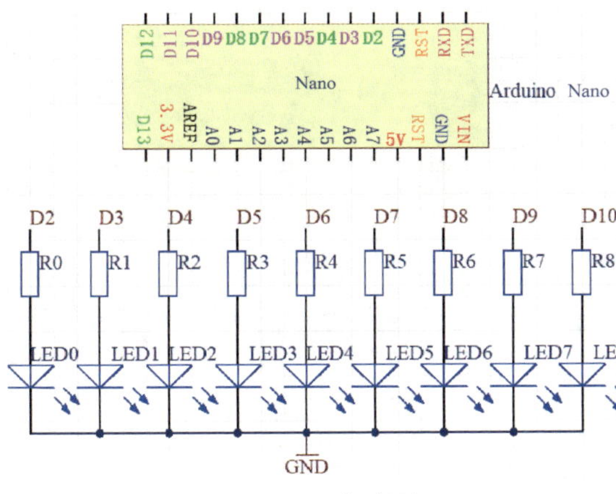

图4-1-3 电路图

• 硬件连接

见表 4-1-2。

表 4-1-2 Arduino Nano 与 LED 连接

序号	Arduino Nano	功能	发光二极管	功能
1	D2	数字引脚	蓝色LED	通过220Ω电阻连接LED正极
2	D3	数字引脚	蓝色LED	通过220Ω电阻连接LED正极
3	D4	数字引脚	蓝色LED	通过220Ω电阻连接LED正极
4	D5	数字引脚	红色LED	通过220Ω电阻连接LED正极

续表

序号	Arduino Nano	功能	发光二极管	功能
5	D6	数字引脚	红色LED	通过220Ω电阻连接LED正极
6	D7	数字引脚	红色LED	通过220Ω电阻连接LED正极
7	D8	数字引脚	绿色LED	通过220Ω电阻连接LED正极
8	D9	数字引脚	绿色LED	通过220Ω电阻连接LED正极
9	D10	数字引脚	绿色LED	通过220Ω电阻连接LED正极

· 器材布局

如图 4-1-4。

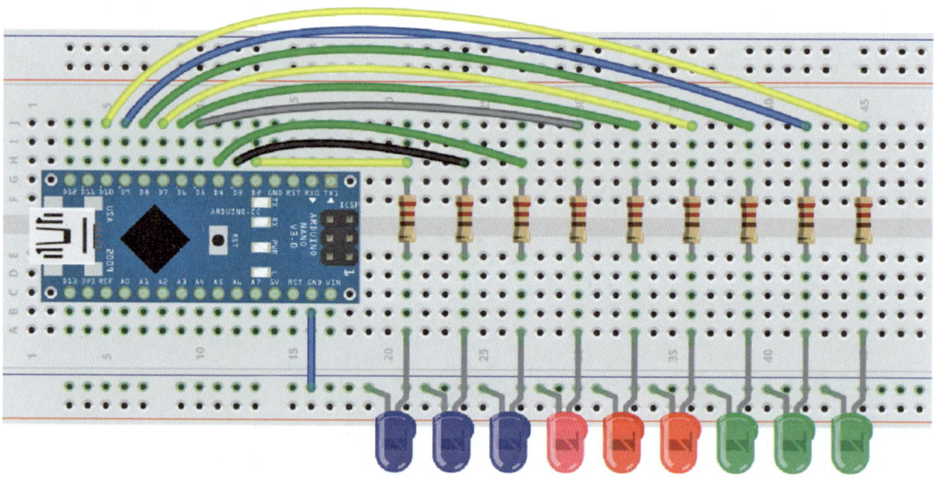

图4-1-4　布局示意图

· 实物布局

如图 4-1-5。

图4-1-5　实物布局图

• 程序编写

```
int i;                                    // 定义变量 i
int ledPin[  ] = { 2, 3, 4, 5, 6, 7, 8, 9, 10 };  // 定义数组
void setup(  ) // 初始化函数
{
 /*
    通过 for 循环语句，将数字接口 2 ~ 10 依次设置为输出模式。同时将数字接口初始化为低电平，LED 处于熄灭状态。
    */
 for (i=0; i<9; i++)
{
   pinMode(ledPin[i], OUTPUT);
   digitalWrite(ledPin[i], LOW);   // 将引脚设置为低电平
}
}
void loop(  )
{
   for (i= 0; i<9; i++)   // 9 个 LED 每个点亮 0.1s（从左到右）
   {
      digitalWrite(ledPin[i], HIGH);
      delay(100);
      digitalWrite(ledPin[i], LOW);
      delay(100);
   }
   delay(500);                        // 延时
   for (i= 8; i>=0; i--)   // 9 个 LED 每个点亮 0.1s（从右到左）
    {
      digitalWrite(ledPin[i], HIGH);
      delay(100);
      digitalWrite(ledPin[i], LOW);
      delay(100);
    }
   delay(500);                       // 延时
   for (i = 0; i < 9; i++)   //9 个 LED 依次全部点亮（从左到右）
    {
      digitalWrite(ledPin[i], HIGH);
      delay(100);
    }
   delay(2000);                      // 延时
```

```
    for (i = 0; i < 9; i++)   //9 个 LED 全部熄灭
    {
      digitalWrite(ledPin[i], LOW);
    }
    // 以下实现 LED 从中间往两边逐渐点亮
    digitalWrite(ledPin[3], HIGH);
    digitalWrite(ledPin[5], HIGH);
    delay(1000);
    digitalWrite(ledPin[2], HIGH);
    digitalWrite(ledPin[6], HIGH);
    delay(1000);
    digitalWrite(ledPin[1], HIGH);
    digitalWrite(ledPin[7], HIGH);
    delay(1000);
    digitalWrite(ledPin[0], HIGH);
    digitalWrite(ledPin[8], HIGH);
    delay(1000);
    for (i= 0; i<9; i++)   //9 个 LED 全部熄灭
    {
      digitalWrite(ledPin[i], LOW);
    }
  // 以下实现 LED 从两边往中间逐渐点亮
    digitalWrite(ledPin[0], HIGH);
    digitalWrite(ledPin[8], HIGH);
    delay(1000);
    digitalWrite(ledPin[1], HIGH);
    digitalWrite(ledPin[7], HIGH);
    delay(1000);
    digitalWrite(ledPin[2], HIGH);
    digitalWrite(ledPin[6], HIGH);
    delay(1000);
    digitalWrite(ledPin[3], HIGH);
    digitalWrite(ledPin[5], HIGH);
    delay(1000);
    for (i = 0; i < 9; i++)   //9 个 LED 全部熄灭
    {
      digitalWrite(ledPin[i], LOW);
    }
}
```

• 程序解析

① “//” 之后的文字是对程序的解释与说明，在程序进行编译时，不参与编译，仅便于阅读程序。

② /* 文字 */ 用于进行程序多行说明。

③ 编写程序用分号表示一句结束。

④ 程序编写应在英文模式下进行。

⑤ setup　函数

当 Arduino 程序开始运行时首先会调用 setup(　) 函数。在 setup(　) 函数中初始化变量、引脚状态等，setup(　) 函数中的语句只执行一次。

格式：setup(　)

{　　}

作用：初始化变量、引脚输入输出以及串口配置。

⑥ loop(　) 函数

当 Arduino 程序执行完 setup (　) 函数，进入 loop (　) 函数，它里面的语句循环执行。

格式：void loop (　)

{　　}

作用：重复执行大括号内的语句。

⑦ 数组

数组就是一组数据的集合，分为一维数组、二维数组、三位数组和多维数组。

一维数组格式：数据类型说明 数组名 [数量]={ 数值 1，数值 2}；

[数量] 一般不填，编译器自动计算

举例　int ledPin[　]={2，3，4，5，6，7，8，9，10};

ledPin 是名字，2，3，4，5，6，7，8，9，10 是数值

使用数组注意事项：大括号内数值之间用逗号，语句结束加上分号。

ledPin 后面中括号里的数字是从 0 开始的，对应后面大括号里的第 1 个元素。例如：ledPin [0] = 2。

⑧ for (　){　} 语句

例如，在 setup(　) 函数中，利用 for (　){　} 语句，将多个数字引脚设置工作模式，简化程序编写。例如：

```
for (int i = 2;i<10;i++)
{
pinMode(i,OUTPUT);
}
```

相当于：

```
pinMode(2,OUTPUT);
pinMode(3,OUTPUT);
……
pinMode(8,OUTPUT);
pinMode(10,OUTPUT);
```

以下是一个简单的延时函数：

for (i=2;i ＞ 0;i--){ };

第一步：执行 i=2

第二步：2 ＞ 0，执行 for 中的语句，因为 for 中的语句为空，所以什么也不执行。

第三步：i--= i-1 =2-1=1。

第四步：跳到第 2 步，1 ＞ 0，执行 for 中的语句，什么也不执行。

第五步：1-1=0。

第六步：跳到第 2 步。0 ＞ 0 条件不成立。结束 for 语句。

项目2 OLED编程与硬件实战

在 Arduino 项目中，OLED 显示屏是常见显示组件。它具有高效、低功耗的特点，还具备卓越的视觉表现，因此它在各种 Arduino 制作中广泛应用，见图 4-2-1。

扫码看视频讲解

图4-2-1　完成效果图

• 实现效果

利用 OLED 显示屏展示文本信息，本项目致力于在 OLED 屏幕的不同位置精确显示字符。通过学习并掌握相关编程技巧，为未来的 OLED 项目构筑稳固的基础。

· 工作原理

本项目采用 I^2C 协议传输数据，SCL 时钟线与 Arduino 主板 A5 相连，SDA 数据线与 Arduino 主板 A4 相连，通过编写程序，实现在 OLED 显示相关信息。

· 所需器材

见表 4-2-1。

表 4-2-1 所需器材一览表

序号	名称	规格	数量
1	OLED	0.96in	1

1in=2.54cm,全书同。

0.96in 的 OLED 显示器有两种不同的引脚排列方式：一种是 VCC、GND、SCL、SDA 的顺序，另一种是 GND、VCC、SCL、SDA 的顺序（本书采用）。在进行硬件组装时，这一点需要特别注意，以确保正确连接。此外，该显示器的供电电压范围在 3.3～5V 之间。0.96in OLED 显示屏（128×64 像素），可显示清晰的图像和文本，OLED 屏幕的响应时间远快于 LCD 屏幕。常见显示颜色有三种：黄蓝是屏上 1/4 部分为黄光，下 3/4 为蓝光，且颜色和显示区域均不能修改；白色即黑底白字；蓝色即黑底蓝字。常见的 0.96in OLED 显示屏使用 SSD1306 或 SSD1315 等驱动芯片，在编程中需要安装相关库文件，后续将介绍安装库文件的方法。一般采用 I^2C 协议与 Arduino Nano 主板连接。

I^2C 是一种串行通信协议，它允许微控制器与多个外围设备通过两条线（SDA 和 SCL）进行通信。OLED 显示屏采用 I^2C 与 Arduino Nano 主板连接，便于编程与控制。

· 电路图

如图 4-2-2。

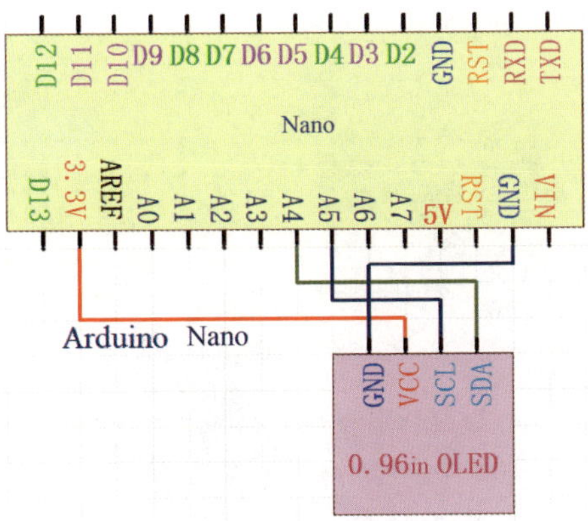

图4-2-2 电路图

• 硬件连接

见表 4-2-2。

表 4-2-2 Arduino Nano 与 OLED 连接

序号	Arduino Nano	功能	OLED	功能
1	GND	负极	GND	负极
2	3.3V	电源	VCC	电源
3	A5	SCL	SCL	时钟引脚
4	A4	SDA	SDA	数据引脚

• 器材布局

如图 4-2-3。

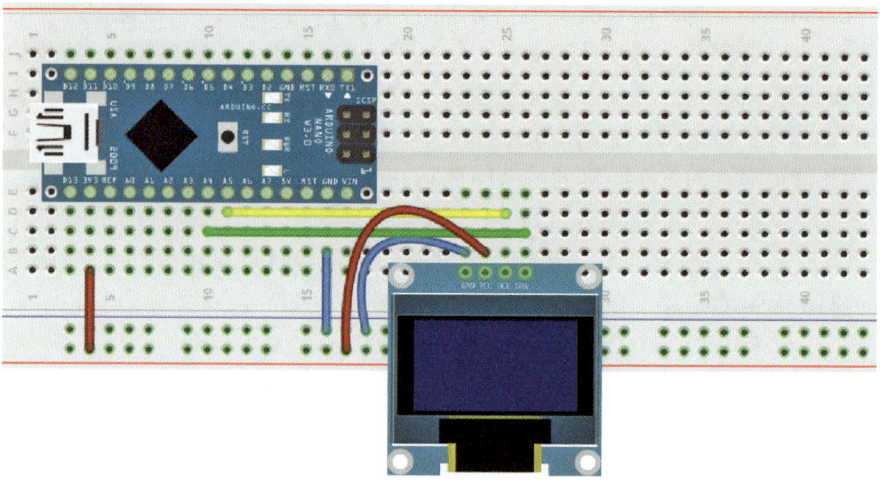

图4-2-3 布局示意图

• 实物布局

如图 4-2-4。

图4-2-4 实物布局图

• 程序编写

1. 安装 Adafruit_SSD 库文件（1306）

库管理器中输入 Adafruit_SSD 搜索，安装如图 4-2-5 所示的库文件。

或者在 Arduino IDE 工具 - 管理库中进行库文件搜索，如图 4-2-6。

图4-2-5　下载Adafruit_SSD库

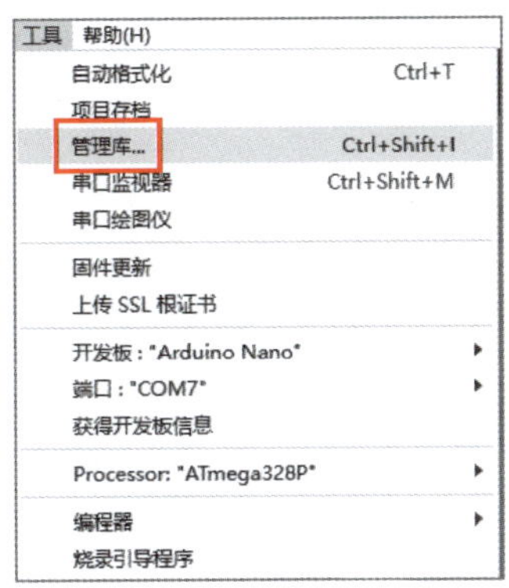

图4-2-6　第二种方法安装库文件

安装中提示需要安装相关依赖库，点击“全部安装”，如图 4-2-7。

图4-2-7　安装相关依赖库

2. 编写程序

```
#include <Wire.h>  // 调用 I²C 库文件
#include <Adafruit_GFX.h>
#include <Adafruit_SSD1306.h>
#define SCREEN_WIDTH 128    // OLED 屏幕宽度
#define SCREEN_HEIGHT 64    // OLED 屏幕高度
#define OLED_ADDRESS 0x3C   // OLED-I²C 地址
Adafruit_SSD1306 display(SCREEN_WIDTH, SCREEN_HEIGHT, &Wire, OLED_ADDRESS);
void setup(   )
  {
    Wire.begin(   );  // 启动 I²C 通信
    // 初始化 OLED
if (!display.begin(SSD1306_SWITCHCAPVCC, OLED_ADDRESS))
{
      Serial.println(F("SSD1306 初始化失败 "));
      for (;;)
        ;
    }
    display.setTextSize(1);  // 设置显示字体大小
  }
void loop(   )
{
  display.setCursor(30, 10);            // 设置显示位置
  display.setTextColor(BLACK, WHITE);  // 设置字体黑色，字体背景白色
  display.println("Hello, OLED!");       // 显示内容

  display.setCursor(1, 30);              // 设置显示位置
  display.setTextColor(SSD1306_WHITE);    // 设置字体颜色为白色
  display.println("Welcome to learn Arduino"); // 显示内容
  display.display(   );          // 开显示
  display.clearDisplay(   );  // 清屏
}
```

• 程序解析

1.display.setCursor(x，y)，用于设置显示的起始位置，x 代表屏幕显示水平位置，表示屏幕左边缘到光标开始位置的像素数。y 代表屏幕显示垂直位置，表示屏幕顶部到光标开始位置的像素数。

2.display.setTextColor(   ) 用于设置显示的文本的颜色。

3.display.setTextSize(   ) 用于设置显示的文本的字体大小。

项目3 OLED显示温湿度并串口报警

通过 Arduino Nano 微控制器，将 DHT11 温湿度传感器与 OLED 显示屏相结合，利用编程实现实时采集并显示温湿度数据，提供直观的环境监测信息，见图 4-3-1。

图4-3-1　完成效果图

扫码看视频讲解

· 实现效果

实时监测环境的温度和湿度，采用 DHT11 传感器收集数据，并在 OLED 显示屏上展示。当环境温湿度超过报警阈值时，串口输出报警信息，还可以在此电路基础上，增加蜂鸣器以及灯光电路，提醒用户注意（自行发挥设计）。本书一大特点是，读者可以根据笔者提供的思路，增加相关硬件电路，拓展功能，完善制作，最大限度提升自己动手能力。

· 工作原理

Arduino Nano 采用 I^{2}C 协议与 OLED 显示屏传输数据，同时将 DHT11 传感器的数据引脚连接到主板的 D2 引脚，并通过程序采集数据在 OLED 上进行显示。

· 所需器材

见表 4-3-1。

表 4-3-1　所需器材一览表

序号	名称	规格	数量
1	OLED	0.96in	1
2	温湿度传感器	DHT11	1

· 电路图

如图 4-3-2。

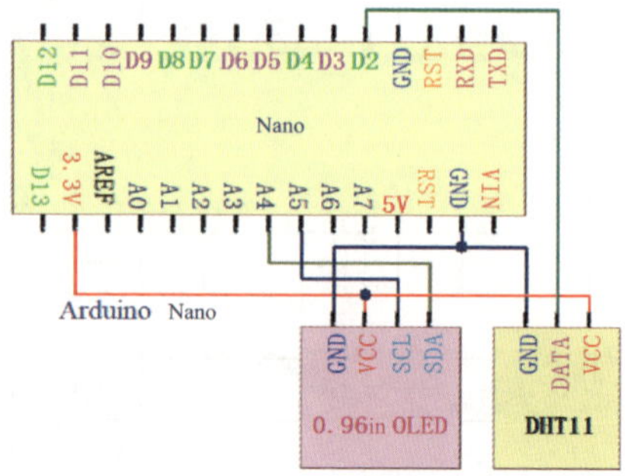

图4-3-2　电路图

· 硬件连接

见表 4-3-2、表 4-3-3。

表4-3-2　Arduino Nano与OLED连接

序号	Arduino Nano	功能	OLED	功能	序号	Arduino Nano	功能	OLED	功能
1	GND	负极	GND	负极	3	A5	SCL	SCL	时钟引脚
2	3.3V/5V	电源	VCC	电源	4	A4	SDA	SDA	数据引脚

表4-3-3　Arduino Nano与DHT11连接

序号	Arduino Nano	功能	DHT11	功能
1	GND	负极	GND	负极
2	3.3V/5V	电源	VCC	电源
3	D2	数字引脚	DATA(或者S)	数据引脚

· 器材布局

如图 4-3-3。

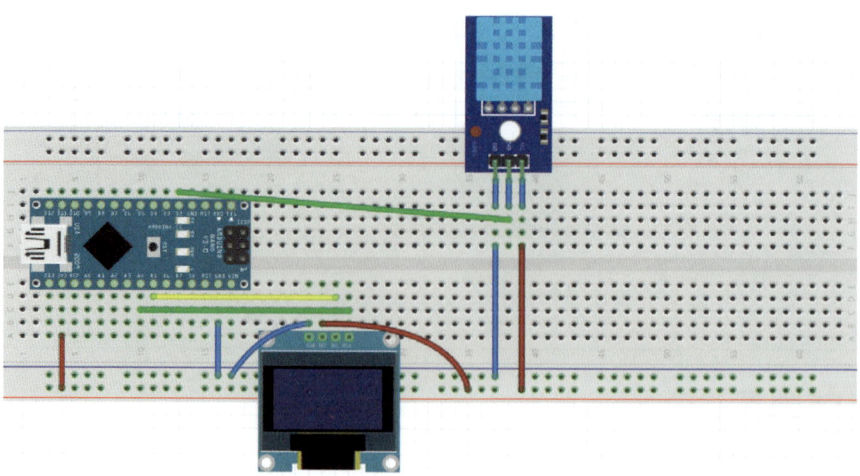

图4-3-3　布局示意图

• 实物布局

如图 4-3-4。

图4-3-4　实物布局图

• 程序编写

1. 安装库文件

安装 DHT11 库文件，如图 4-3-5。图 4-3-6 显示正在安装。

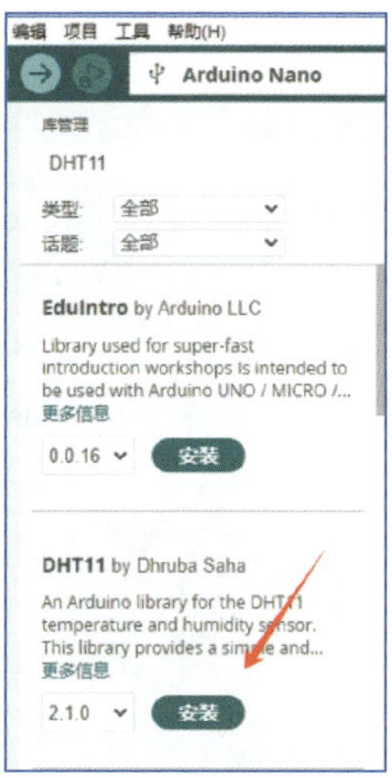

图4-3-5　DHT11库文件

图4-3-6　正在安装

2. 编写程序

```
#include <Wire.h>  //调用 I2C 库文件
#include <Adafruit_GFX.h>
```

```
#include <Adafruit_SSD1306.h>
#define SCREEN_WIDTH 128    // OLED 屏幕宽度
#define SCREEN_HEIGHT 64    // OLED 屏幕高度
#define OLED_ADDRESS 0x3C   // OLED-I²C 地址
Adafruit_SSD1306 display(SCREEN_WIDTH, SCREEN_HEIGHT, &Wire, OLED_ADDRESS);
#include <DHT11.h>   // 调用 DHT11 温湿传感器库文件
DHT11 dht11(2);      //DHT11 定义传感器与 Arduino Nano I/O 连接引脚
void setup(   )
  {
    Serial.begin(9600);  // 串口初始化
    Wire.begin(   );  // 启动 I²C 通信
    //// 初始化 OLED
if (!display.begin(SSD1306_SWITCHCAPVCC, OLED_ADDRESS))
{
      Serial.println(F("SSD1306 初始化失败 "));
      for (;;)
        ;
    }
  }
void loop(   )
{
  int h = dht11.readHumidity(   );      // 读取湿度值，并赋值给 h
  int t = dht11.readTemperature(   );  // 读取温度值，并赋值给 t
  // 读取 DHT11 传感器的温度和湿度值，并赋值给 result
  int result = dht11.readTemperatureHumidity(t, h);
  if (result == 0)
    {
    Serial.print("Humidity:");  // 串口打印湿度英文
    Serial.print(h);            // 打印湿度值
    Serial.print("%");

    Serial.print("   Temperature:");  // 串口打印温度英文
    Serial.print(t);                  // 打印温度值
    Serial.println("℃ ");
     display.setTextSize(2);  // 设置 OLED 字体大小
    display.setCursor(0, 10); // 设置显示位置
    display.setTextColor(SSD1306_WHITE); // 设置字体黑色，字体背景白色
    display.print("Humi:");
    display.print(h);
```

```
    display.println(" %");
    display.setTextSize(2);  // 设置字体大小。如不改变字体大小，可删除
    display.setCursor(0, 40); // 设置显示位置
    display.setTextColor(SSD1306_WHITE);
    display.print("Temp:");
    display.print(t);
    display.println(" C");
  //  温度超限报警
    if ( t > 29)
     {
       Serial.println(" 注意：温度超限 "); // 串口打印
       }
    display.display(  );           // 开显示
    display.clearDisplay(  );       // 清屏
     delay(1000);   // 延时给传感器预留充分时间
    }
    // 打印错误信息
    else
    {
      Serial.println(DHT11::getErrorString(h));
    }
}
```

串口显示报警信息，如图 4-3-7。

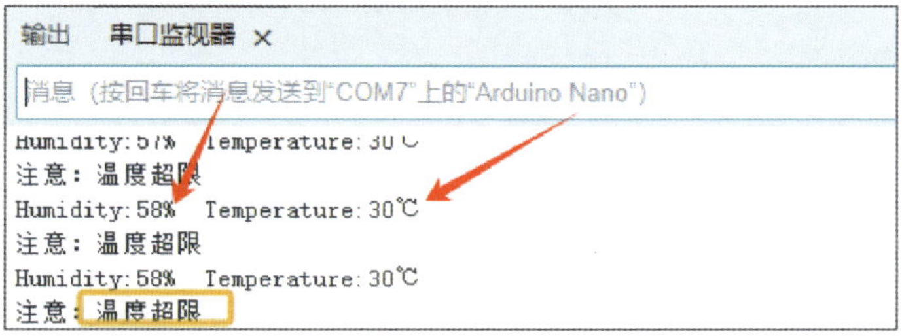

图4-3-7　串口显示温湿度，当温度超过30℃，提示"温度超限"

· 程序解析

if 语句

格式 1：

if(表达式) { 语句 1；语句 2； }

运行步骤：如果表达式为"真"，则执行语句 1 和语句 2，如果为"假"，则跳过语句 1 与语句 2，执行其他程序。

格式 2：

if(表达式){ 语句 1；语句 2；}

else{ 语句 3；语句 4；}

运行步骤：如果表达式为“真”，则执行语句 1 和语句 2，如果为“假”，则执行语句 3 与语句 4。

项目4 呼吸灯

呼吸灯广泛应用于电子产品中，比如应用在手机中，当有未读短信或者未接来电，呼吸灯就会从暗到亮又从亮到暗循环往复，就像呼吸一样，起到通知提醒的作用，故名呼吸灯，见图 4-4-1。

扫码看视频讲解

图4-4-1　完成效果图

· 实现效果

实现了两个 LED 互补呼吸效果，其中一个 LED 逐渐点亮时，另一个则逐渐熄灭，两者循环往复，形成迷人的视觉效果。

· 工作原理

在 Arduino 主板上，D3 和 D5 引脚分别连接 LED，通过脉冲宽度调制（PWM）技术，实现对 LED 亮度从暗到亮再逐渐熄灭的控制。PWM 是一种将数字信号转换为模拟信号的有效方法。

· 所需器材

见表 4-4-1。

表 4-4-1　所需器材一览表

序号	名称	规格	数量
1	电阻	220Ω	2
2	LED	5mm	2

· 电路图

如图 4-4-2。

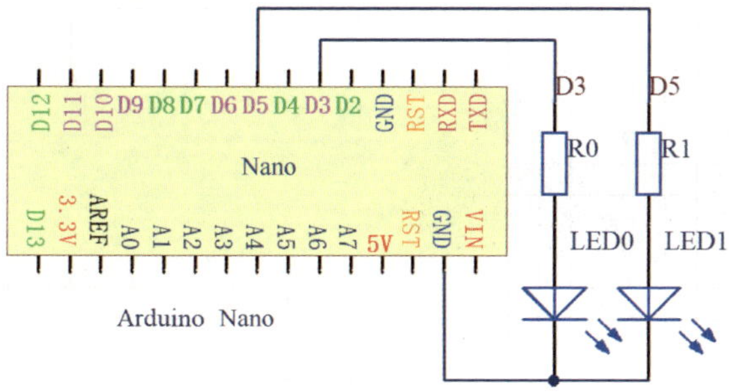

图4-4-2　电路图

· 硬件连接

见表 4-2-2。

表 4-4-2　Arduino Nano 与 LED 连接

序号	Arduino Nano	功能	发光二极管	功能
1	D3	数字引脚	蓝色LED	通过220Ω电阻连接LED正极
2	D5	数字引脚	蓝色LED	通过220Ω电阻连接LED正极

· 器材布局

如图 4-4-3。

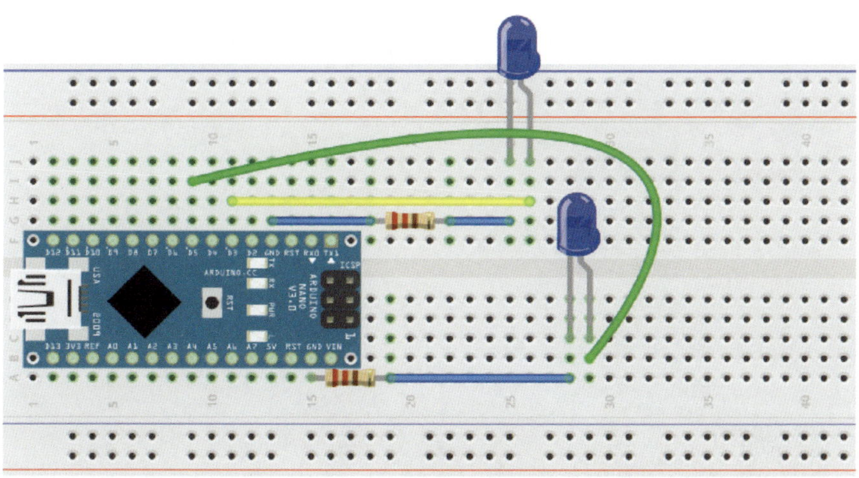

图4-4-3　布局示意图

· 实物布局

如图 4-4-4。

图4-4-4　实物布局图

· 程序编写

```
void setup( )
{
  Serial.begin(9600);// 串口初始化函数
  Serial.println(" 呼吸灯 ");// 在串口中打印程序名
}
void loop( )
{
  for (int i=0; i<256; i++)
  {
    analogWrite(3, i); //i=0，1，2，3，…，255
    analogWrite(5, 255-i); //255-i = 255，254，253，…，0
    Serial.println(i);// 在串口中打印变量 i
    delay(10);
  }
  for (int i = 255; i >= 0; i--)
  {
    analogWrite(3, i);//i=255，254，253，…，0
    analogWrite(5, 255-i);//255-i = 0，1，2，…，255
    Serial.println(i);// 在串口中打印变量 i
    delay(10);
  }
  delay(500);
}
```

· 程序解析

1. 当使用 PWM 功能时，在 steup 函数中，可以不定义数字接口输出方式。

例如，上述程序中，不用编写 pinMode(5，OUTPUT)。

2. 函数 analogWrite(　)

格式：analogWrite(pin，i)

pin 只能是 3、5、6、9、10、11 6 个引脚，变量 i 取值范围 0～255。

3.PWM 功能介绍

函数 analogWrite(　) 主要作用，就是给带有“～”的数字端口写入一个模拟值，控制 LED 的亮度变化或者电机的转速。如图 4-4-5，如需要 pin 3 输出 2.5V 电压，编写 analogWrite(3，127) 就可以了（占空比即高电平与低电平持续时间之比）。你可能说：“我用电阻分压就可以。”没错，但如果设计一个电路让一个端口依次循环输出 2.5V、3V、5V，仅仅用硬件电路就困难了，这时候就是 PWM 大显身手的时候了。

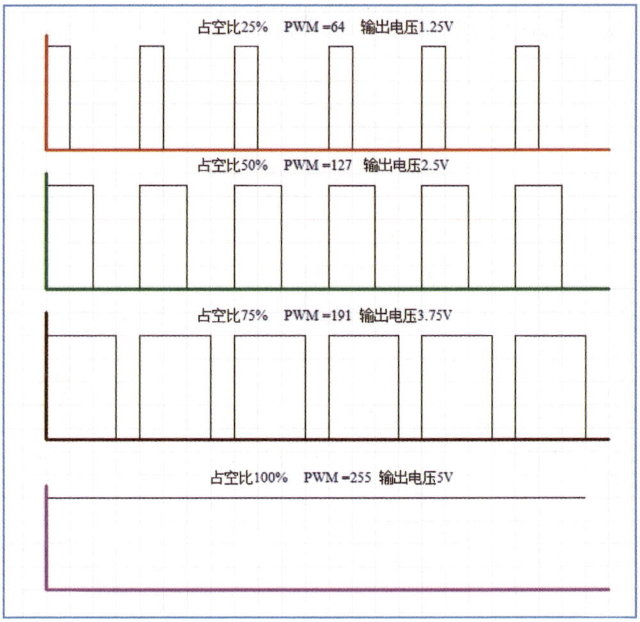

图4-4-5　PWM (占空比)

4. 常见运算符如表 4-4-3。

表 4-4-3　算术运算符

符号	说明	举例	符号	说明	举例
<	小于	a<b	>=	大于等于	a>=b
>	大于	a>b	==	等于	a==b
<=	小于等于	a<=b	!=	不等于	a!=b

项目5 智能调光台灯

制作一个调光台灯，轻轻旋转旋钮，就能随心所欲地调节 LED 灯光的明暗，如图 4-5-1。

扫码看视频讲解

图4-5-1　完成效果图

· 实现效果

本项目实现编写程序读取 A0 引脚的数值，并根据该值调整 LED 的亮度。

· 工作原理

通过程序读取模拟量数值，并且采用 PWM 技术调节 LED 的亮度，由于 A0 读取模拟量的数值范围是 0～1023，但是 PWM 的参数范围是 0～255，解决办法其一是将读取的模拟量除以 4，其二采用 map 函数。通过调节电位器旋钮，达到调节 LED 光强度。

· 所需器材

见表 4-5-1。

表 4-5-1　所需器材一览表

序号	名称	规格	数量
1	电阻	220Ω	1
2	LED	5mm-红	1
3	电位器	10kΩ	1

· 电路图

如图 4-5-2。

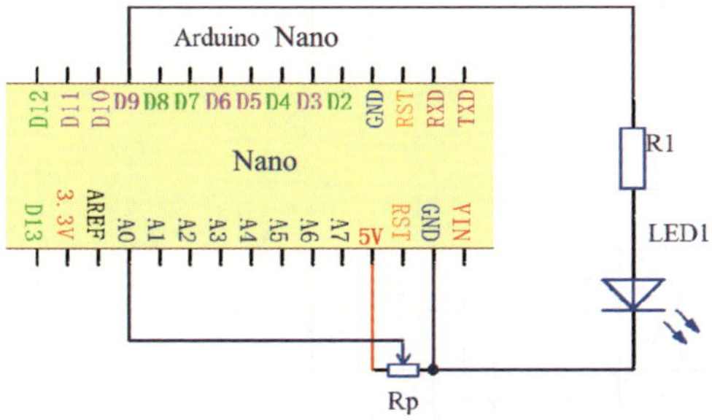

图4-5-2　电路图

· 硬件连接

见表 4-5-2、表 4-5-3。

表 4-5-2　Arduino Nano 与 LED 连接

序号	Arduino Nano	功能	发光二极管	功能
1	D9	数字引脚	红色LED	通过220Ω电阻连接LED正极

表 4-5-3　Arduino Nano 与电位器连接

序号	Arduino Nano	功能	电位器	功能
1	+5V	正极	边缘端	与Arduino正极连接
2	GND	负极	边缘端	与Arduino负极连接
3	A0	模拟量输入	中间引脚	Arduino与模拟接口A0连接

· 器材布局

如图 4-5-3。

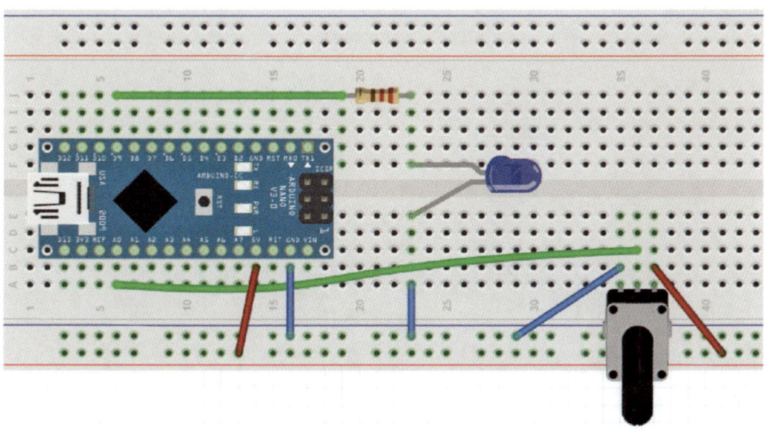

图4-5-3　布局示意图

· 实物布局

如图 4-5-4。

图4-5-4　实物布局图

· 程序编写

程序 1：

```
int LED = 9;
void setup(    )
{
   Serial.begin(9600);
}
void loop(    )
{
   int val = analogRead(A0); //A0 连接电位器中间引脚
   Serial.print(" 模拟量 val:");
   Serial.println(val);
   int i = val / 4;
   Serial.print(" 模拟量 i:");
   Serial.println(i);
   analogWrite(LED, i);
   delay(100);
}
```

串口输出如图 4-5-5。

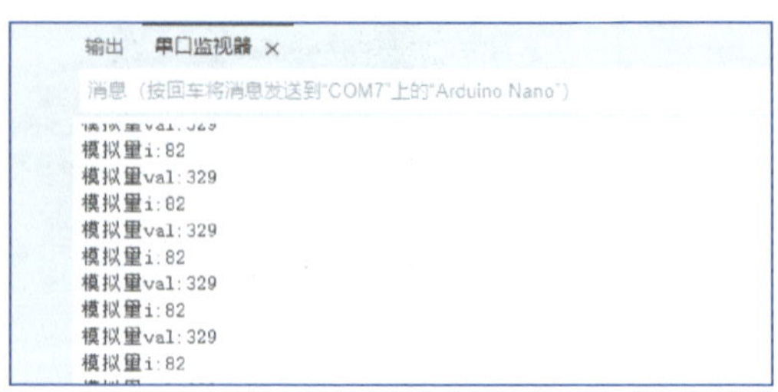

图4-5-5　串口输出

程序 2（map 函数）：

```
int LED = 9;   // 定义 LED 连接引脚
void setup(   )
```

```
{
  Serial.begin(9600);
}
void loop( )
{
  int val = analogRead(A0);   //A0 连接电位器中间引脚
  Serial.print(" 模拟量 val:");
  Serial.println(val);
  int i = map(val, 0, 1023, 0, 255);   //map 函数
  Serial.print(" 模拟量 i:");
  Serial.println(i);
  analogWrite(LED, i);
  delay(100);
}
```

• 程序解析

1. 在以上程序中 LED、val、i 等都是变量。例如在编写程序中，可以用 LED 代替引脚 9，如电路更改为引脚 5，只需在变量声明中修改即可。变量类型见表 4-5-4。

表 4-5-4　变量类型

整型	Int	存储整数
无符号整型	Unsigned int	存储非负整数
长整型	Long	存储更大的整数
浮点型	Float	存储带小数点的数字
字符型	Char	存储单个字母或数字
布尔型	Bool	用于存储真true假false
字符串	String	存储字符串

2. 等比映射函数 map( )

函数格式：map(value，fromLow，fromHigh，toLow，toHigh)

value 是需要映射的数值，将 value 变量依照 fromLow 与 fromHigh 范围，对等转换至 toLow 与 toHigh 范围。

例如 int num = map(val，0，1023，0，4) 将 val 所读取数字对等转换至 0～4 之间的数值。

3. 一般在 setup( ) 函数中，采用 Serial.begin( ) 函数进行初始化，设置波特率参数，当程序中波特率设置为 9600（默认值）时，串口监视器中波特率也要设置为 9600，才能确保正常通信。

项目6 电位器控制多个LED

调节电位器改变其输出电压，进而控制多个LED，增加自定义电子制作项目的趣味性，见图4-6-1。

扫码看视频讲解

图4-6-1 完成效果图

· 实现效果

采集电位器模拟信号，并根据得到的模拟量数值区间点亮不同颜色的LED。

· 工作原理

通过调节电位器，将0～5V的电压信号输入到模拟量A0引脚，对应输出0～1023数值，在串口显示器中打印该数值。当数值大于800时，红色LED点亮。当数值在500～800之间，绿色LED点亮。当数值小于500时，蓝色LED点亮。

· 所需器材

见表4-6-1。

· 电路图

如图4-6-2。

表4-6-1 所需器材一览表

序号	名称	规格	数量
1	电阻	220Ω	3
2	LED	5mm-红	1
3	LED	5mm-绿	1
4	LED	5mm-蓝	1
5	电位器	10kΩ	1

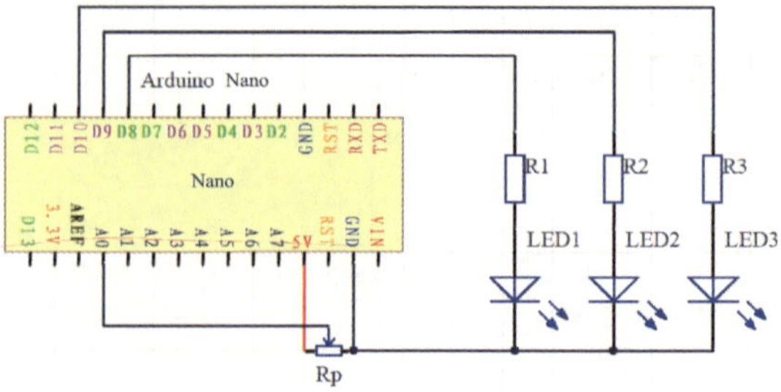

图4-6-2 电路图

• 硬件连接

见表 4-6-2、表 4-6-3。

表 4-6-2　Arduino 与 LED 连接

序号	Arduino	功能	发光二极管	功能
1	D8	数字接口	红LED	正极通过220Ω电阻连接
2	D9	数字接口	绿LED	正极通过220Ω电阻连接
3	D10	数字接口	蓝LED	正极通过220Ω电阻连接

表 4-6-3　Arduino 与电位器连接

序号	Arduino	功能	电位器	功能
1	+5V	正极	边缘端口	与Arduino正极连接
2	GND	负极	边缘端口	与Arduino负极连接
3	A0	模拟量输入	中间引脚	Arduino与模拟接口A0连接

• 器材布局

如图 4-6-3。

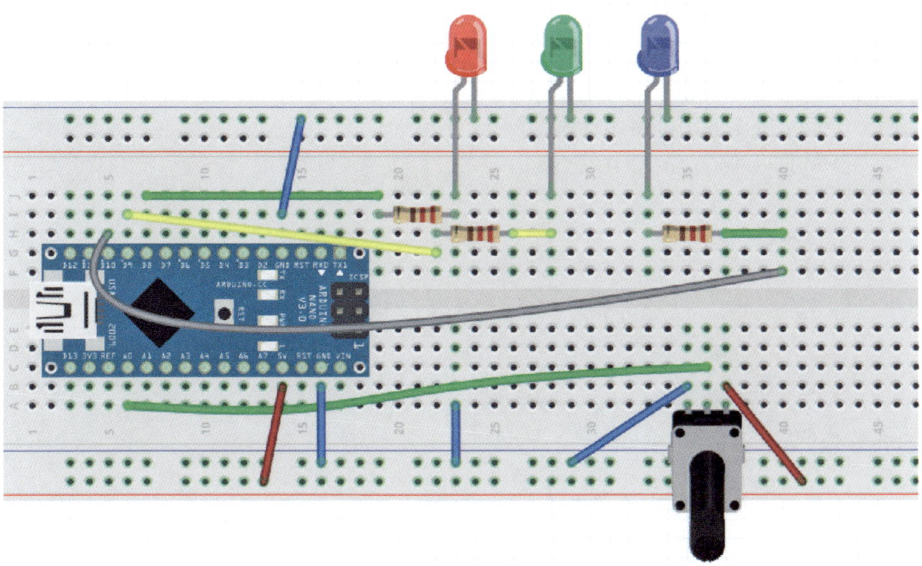

图4-6-3　布局示意图

• 实物布局

如图 4-6-4。

图4-6-4　实物布局图

· 程序编写

```
int RP = A0;// 接电位器中心接头
int redLed = 8;
int greenLed = 9;
int yellowLed = 10;
void setup(  )
{
  Serial.begin(9600);// 串口波特率
  pinMode(redLed , OUTPUT);
  pinMode(greenLed , OUTPUT);
  pinMode(yellowLed , OUTPUT);
}
void loop(  )
{
  int val = analogRead(RP);// 获取电位器模拟量赋值给变量 val
  Serial.println(val);
  delay(1000);
  if (val > 800) // 红色 LED 点亮
  {
    digitalWrite(redLed, HIGH);
    digitalWrite(greenLed, LOW);
    digitalWrite(yellowLed, LOW);
    Serial.println(" 红色 LED 点亮 ");
  }
  else if (val<=800 && val>500 ) // 绿色 LED 点亮
  {
```

```
        digitalWrite(greenLed, HIGH);
        digitalWrite(redLed, LOW);
        digitalWrite(yellowLed , LOW);
        Serial.println(" 绿色 LED 点亮 ");
    }
    else if (val<=500 )
    {
        digitalWrite(yellowLed, HIGH);// 黄色 LED 点亮
        digitalWrite(greenLed, LOW);
        digitalWrite(redLed, LOW);
        Serial.println(" 黄色 LED 点亮 ");
    }
```

串口输出如图 4-6-5。

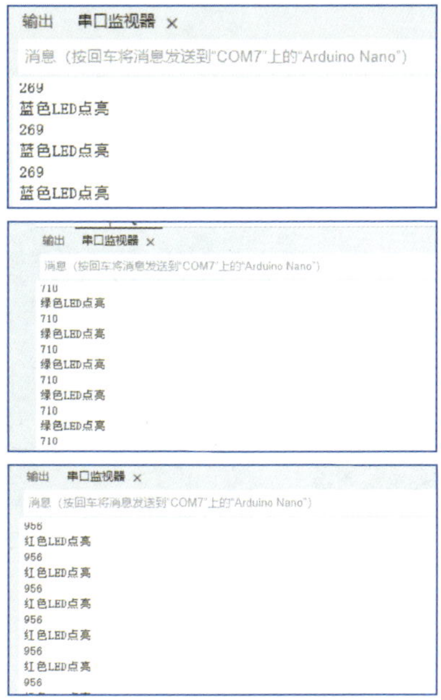

图4-6-5　串口输出

• 程序解析

① Arduino 串口通信时占用数字接口 pin0、pin1，在制作中尽量不要用这两个引脚，否则容易引起程序下载失败。

② 判断语句

```
if ( 表达式 1)
 {
    // 如果表达式 1 为真，执行这里的语句
}
else if ( 表达式 2)
{
    // 如果条件表达式 1 为假，且表达式 2 为真，执行这里的语句
}
……
else {    // 可以省略
    // 如果前面的所有条件都为假，执行这里的代码
}
```

项目7　按键控制LED亮灭

通过按键操作，可以轻松实现对 LED 灯的亮（灭）控制。每一次按下按键，LED 从亮灯状态切换到熄灯状态，或者从熄灯状态切换到亮灯状态。见图 4-7-1。

图4-7-1　完成效果图

· 实现效果

按压按键可切换 LED 的点亮与熄灭状态。

· 工作原理

直接采用 digitalRead（ ）读取按键状态，会发生按键抖动的问题。按键抖动是指在按键被按下或释放的瞬间，由于机械和电气特性的原因，接触点会经历一段不稳定的过程。如何解决呢？可以采用硬件处理，如在电路中增加电容去抖动。本项目采用软件方法实现，让 Arduino 能够准确响应按键操作，实现稳定可靠的 LED 亮灭控制。

一句话概括，软件去抖动机制，就是检测到按键状态变化后，短暂延迟后再次检查，确认状态稳定后再执行 LED 的亮灭。

· 所需器材

见表 4-7-1。

表 4-7-1　所需器材一览表

序号	名称	规格	数量
1	电阻	220Ω	1
2	LED	5mm	1
3	按键	2脚	1

· 电路图

如图 4-7-2。

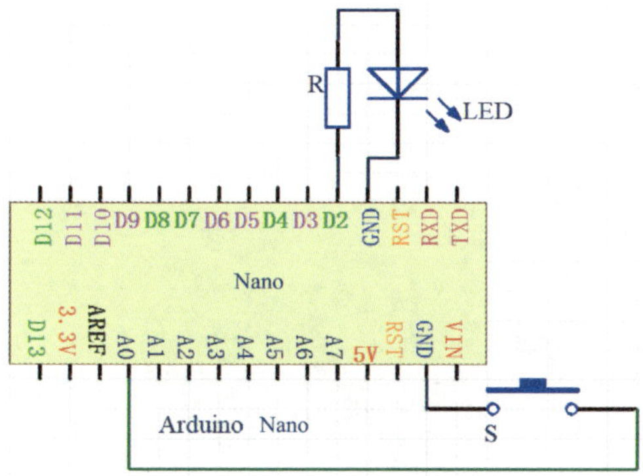

图4-7-2　电路图

· 硬件连接

见表 4-7-2、表 4-7-3。

表 4-7-2　Arduino Nano 与 LED 连接

序号	Arduino Nano	功能	发光二极管	功能
1	D2	数字引脚	蓝色LED	通过220Ω电阻连接LED正极

表 4-7-3　Arduino Nano 与按键连接

序号	Arduino Nano	功能	按键	功能
1	A0（D14）	模拟引脚 （使用数字功能）	—	一个引脚与A0相连，另一个与电源负极相连

注：采用AO作为按键引脚是便于电路连接，简化电路而已。

· 器材布局

如图 4-7-3。

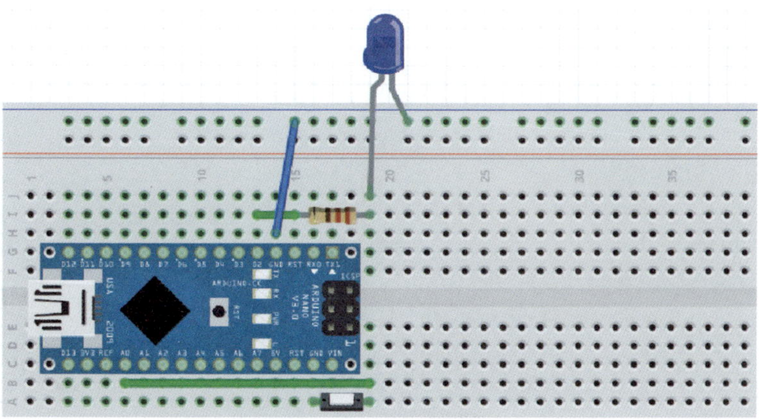

图4-7-3　布局示意图

• 实物布局

如图 4-7-4。

图4-7-4 实物布局图

• 程序编写

```
int button = 14;// 按键连接引脚 A0，即数字引脚 D14
int led = 2;//LED 连接引脚
void setup( )
{
  pinMode(button, INPUT_PULLUP);// 按键设置为输入模式，并启用内部上拉功能
  pinMode(led, OUTPUT);
}
void loop( )
{
  scanbutton( );// 调用按键扫描函数
}
void scanbutton( )// 按键扫描函数
{
  if (digitalRead(button) == 0) // 判断按键状态，如果输入为低电平
  {
    delay(20);// 延时 20ms
    if (digitalRead(button) == 0)// 再次判断按键状态，如果输入为低电平
    {
      digitalWrite(led, !digitalRead(led));//LED 电平状态取反
      while (digitalRead(button) == 0);// 等待按键释放
    }
  }
}
```

· 程序解析

当按下按键时，由于金属弹片的作用，不能很快闭合稳定，放开时也不能立刻断开，闭合稳定前后称为按键抖动，如图 4-7-5。消除抖动可以通过程序或者硬件电路实现，通常通过程序完成。

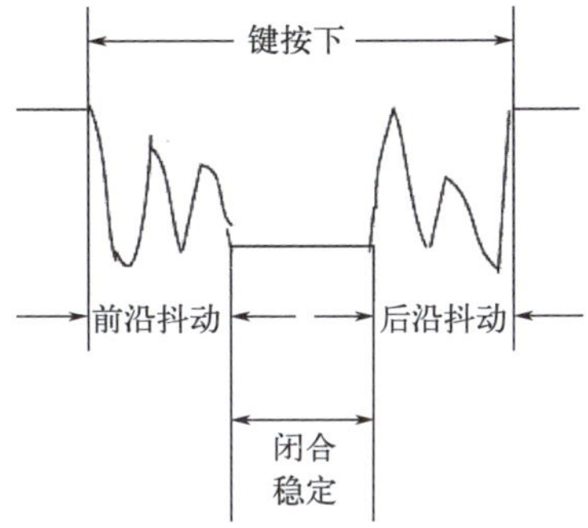

图4-7-5　按键抖动

如何用程序来实现呢？从图中可以看出，当检测到按键状态变化，先延时一段时间（一般为 10～20ms），绕开不稳定状态（前沿抖动），然后再检测一次按键状态，如果与前面检测的状态相同，说明已经进入闭合稳定。

首先采用 if (digitalRead(button) == 0) 检测低电平，如果低电平出现，延时 20ms，再次检测是否是低电平，经过 20ms 的延时，如果还是低电平就说明按键的确被按下了。采用 while (digitalRead(button) == 0) 循环语句判断按键是否释放，如果按键没有释放，引脚就是低电平，那么就循环再次读取，直到引脚变成高电平，退出循环。

项目8　按键多面手

本 Ardunio 项目制作中，一个按键可以控制两个 LED 的组合亮灭，通过程序不断读取按键次数，判断后点亮（熄灭）LED，见图 4-8-1。

图4-8-1　完成效果图

扫码看视频讲解

• 实现效果

程序中存储按键的次数，当按键 1 次，绿色 LED 点亮；按键 2 次，红色的 LED 点亮；按键 3 次，绿色与红色的 LED 全部点亮；按键 4 次，两个 LED 全部熄灭。

在程序中通过串口显示打印按键的次数以及 LED 工作状态。

• 工作原理

在 Arduino 编程中，使用循环不断读取变量 num，通过 switch⋯case 语句来处理不同的值，从而点亮绿色 LED、红色 LED，或者两个都点亮与熄灭。本项目重点掌握 switch⋯case 判断语句。

• 所需器材

见表 4-8-1。

表 4-8-1 所需器材一览表

序号	名称	规格	数量	序号	名称	规格	数量
1	电阻	220Ω	2	3	LED	5mm-红	1
2	LED	5mm-绿	1	4	按键	2脚	1

• 电路图

如图 4-8-2。

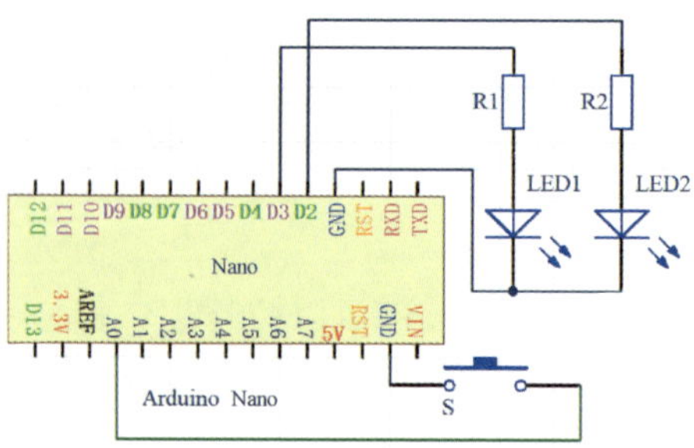

图4-8-2 电路图

• 硬件连接

见表 4-8-2、表 4-8-3。

表 4-8-2 Arduino Nano 与 LED 连接

序号	Arduino Nano	功能	发光二极管	功能
1	D2	数字引脚	绿色LED	通过220Ω电阻连接LED正极
2	D3	数字引脚	红色LED	通过220Ω电阻连接LED正极

表 4-8-3 Arduino Nano 与按键连接

序号	Arduino Nano	功能	按键	功能
1	A0（D14）	模拟引脚	/	一个引脚与A0相连，另一个与电源负极相连。

・器材布局

如图 4-8-3。

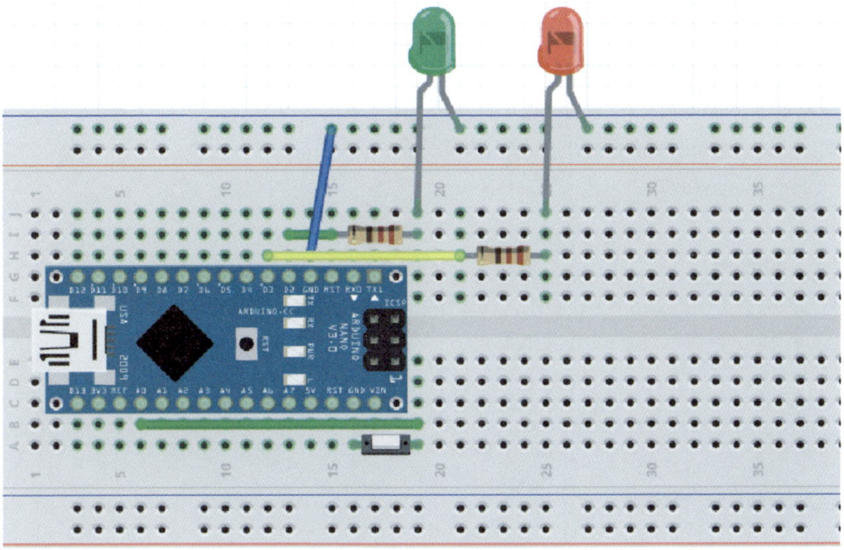

图4-8-3　布局示意图

・实物布局

如图 4-8-4。

图4-8-4　实物布局图

・程序编写

```
int button = 14;// 按键连接引脚，连接 A0，即数字引脚 D14
int ledGreen = 2;// 绿色 LED
int ledRed = 3;   // 红色 LED
int num = 0; // 记录按键状态
int dengdai=100;
```

```
void setup( )
{
  pinMode(button, INPUT_PULLUP);// 按键设置为输入模式，并启用内部上拉功能
  pinMode(ledGreen, OUTPUT);
  pinMode(ledRed, OUTPUT);
  digitalWrite(ledGreen, LOW); // 引脚初始化为低电平
  digitalWrite(ledRed, LOW); // 引脚初始化为低电平
  Serial.begin(9600);// 设置串口波特率
}
void loop( )
{
 scanbutton( );// 调用按键扫描函数
 switch(num)
 {
   case 1:
    digitalWrite(ledGreen, HIGH);
    digitalWrite(ledRed, LOW);
    Serial.print(" 按键次数 :");
Serial.print(num);
Serial.println("– 绿色 LED 点亮 ");
    delay(dengdai);
    break;
   case 2:
    digitalWrite(ledGreen, LOW);
    digitalWrite(ledRed, HIGH);
    Serial.print(" 按键次数 :");
      Serial.print(num);
Serial.println("– 红色 LED 点亮 ");
    delay(dengdai);
    break;
   case 3:
    digitalWrite(ledGreen, HIGH);
    digitalWrite(ledRed, HIGH);
    Serial.print(" 按键次数 :");
Serial.print(num);
Serial.println("– 绿色与红色 LED 全部点亮 ");
    delay(dengdai);
    break;
   case 4:
```

```
    digitalWrite(ledGreen, LOW);
    digitalWrite(ledRed, LOW);
    Serial.print(" 按键次数 :");
    Serial.print(num);
Serial.println("－绿色与红色 LED 全部熄灭 ");
   delay(dengdai);
   break;
   default:
   break;
   }
}
void  scanbutton(  )// 按键扫描函数
{
   if (digitalRead(button) == 0) // 判断按键状态
   {
      delay(20);
      if (digitalRead(button) == 0)
      {
         num++;
       if (num > 4)
         {
            num = 1;
         }
      }
      while (digitalRead(button) == 0);// 等待按键释放
   }
}
```

• 程序解析

switch… case 语句

当程序中使用比较多的分支结构时，使用 switch… case 语句，程序显得比较整齐。

```
switch( 表达式 ) // 表达式只能是整型或者字符型
{
    case 表达式 1;
            语句 1;
            break;
    case 表达式 2;
            语句 2;
            break;
    case 表达式 3;
```

```
            语句 3;
            break;
……
default:
        语句 n;
            break;
}
```

当 switch 后面“表达式”的值与某个 case 后面“表达式”的值相等时，就执行此 case 后面的语句。若所有 case 中的表达式的值都没有与 switch 后面括号内“表达式”的值相等，就执行 default 后面的语句。可以不要 default 语句，就跟 if…else 最后不要 else 语句一样。

项目9 猜数字游戏

本项目详细描述如何在 Arduino 上实现一个简单的猜数字游戏。通过按键输入信息，数码管以及 LED 同时进行显示，见图 4-9-1。

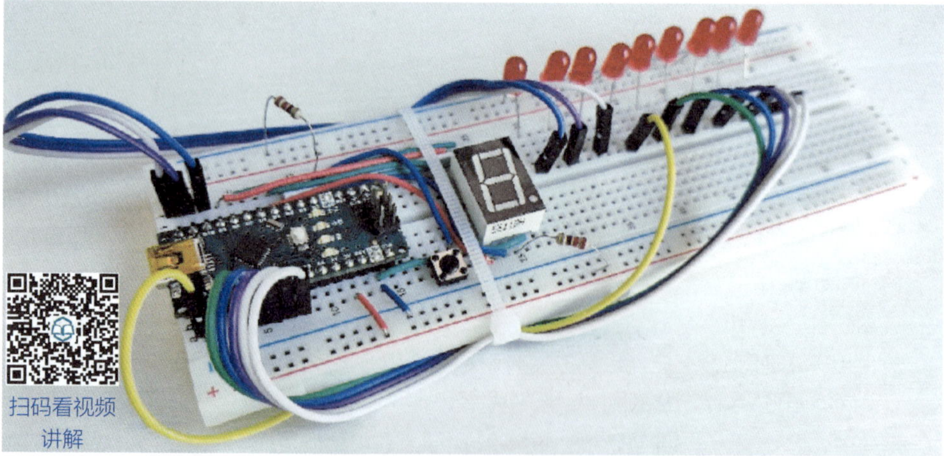

图4-9-1　完成效果图

• 实现效果

当每次操作按键时，随机函数产生一个 1～9 之间的数字，并在数码管与 LED 同时进行显示，观察是否与你猜想的数字一致。

· 工作原理

每次按压按键都会触发随机数字生成，随后利用条件判断语句控制数码管准确显示该数字，并同步点亮与数字对应的 LED 灯数量，实现直观视觉效果。

· 所需器材

见表 4-9-1。

表 4-9-1　所需器材一览表

序号	名称	规格	数量
1	电阻	220Ω	2
2	LED	5mm-红（颜色可以随便组合）	9
3	按键	2脚	1
4	数码管	一位0.56in共阳	1

数码管是一种最常见的显示元件，用来显示信息。数码管内部发光元件就是由 LED 组成的，常见的数码管里面包含 8 个 LED，7 个显示数字，1 个显示小数点。数码管按照显示颜色可以分为红色、绿色、蓝色等，最常见的是红色数码管。数码管按照位数可以分为一位、两位、三位、四位等等。数码管按照内部连接方式可以分为共阳与共阴数码管。数码管按照规格大小分为 0.56in、0.8in、1.2in 等等。如图 4-9-2 是一位 0.56in 的数码管。

数码管段码分别用 a、b、c、d、e、f、g、h(dp) 表示，如图 4-9-3。数码管内部结构以及图形符号参照表 4-9-2。

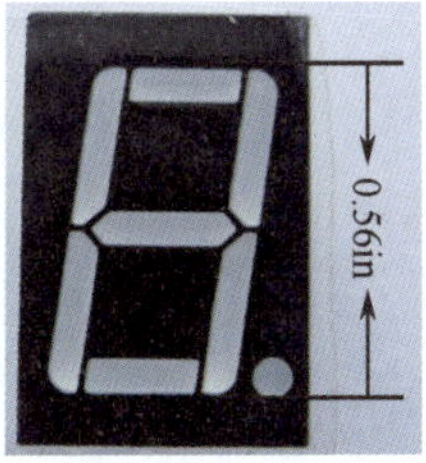

图4-9-2　数码管

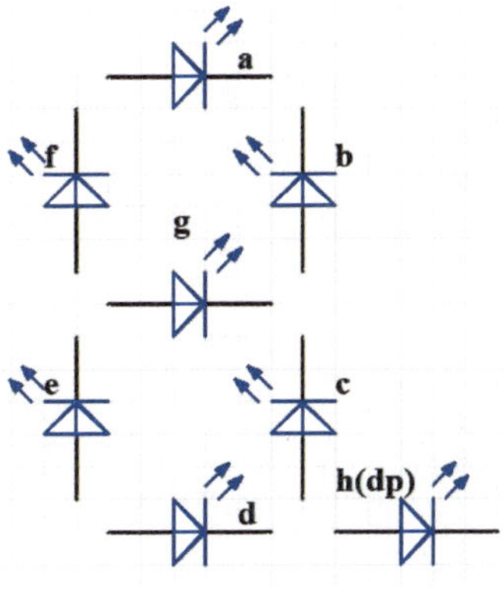

图4-9-3　数码管段码表示

表 4-9-2　数码管内部结构以及图形符号

数码管	共阳数码管	共阴数码管
内部结构示意图	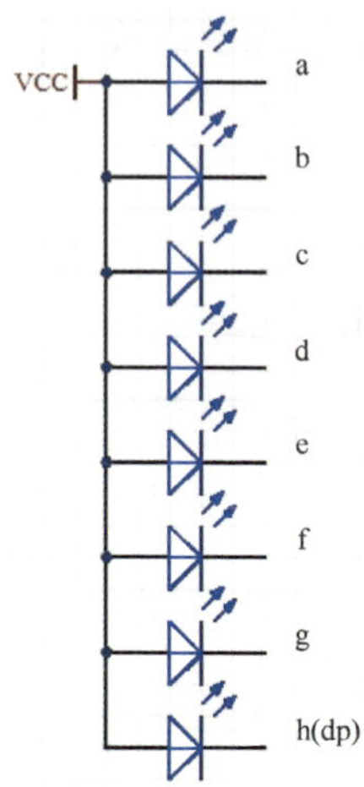	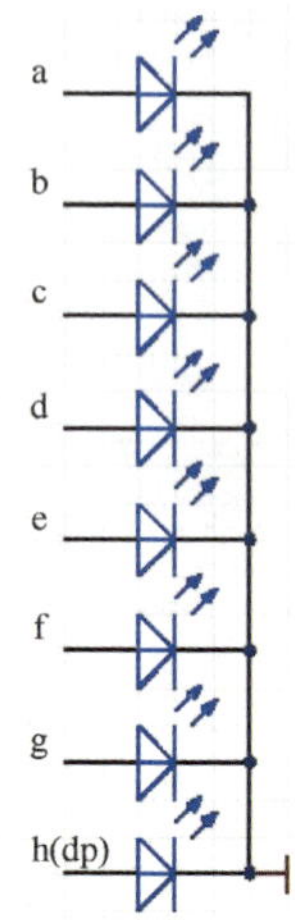
图形符号用DS表示，公共引脚是3、8	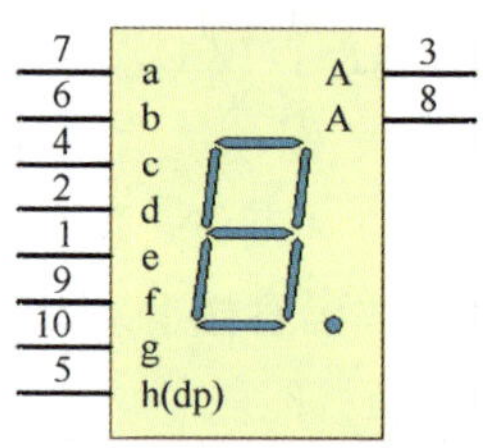	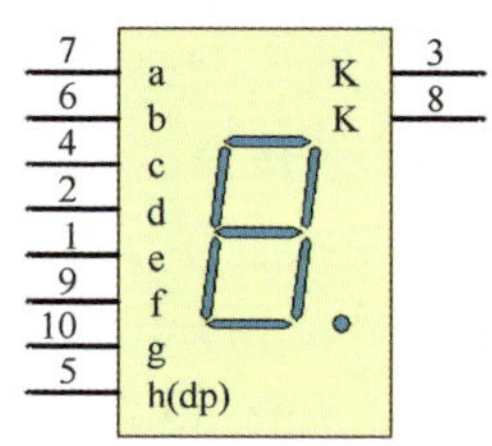

一位数码管共有上下两排引脚，排列顺序是从下排第一个引脚逆时针开始数起，如图4-9-4。

一位数码管引脚与对应的段码关系如表4-9-3。

表 4-9-4 是数字 0～9 段码显示。

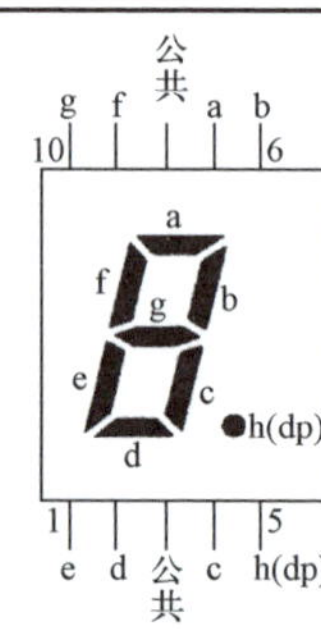

图4-9-4　引脚排列顺序

表 4-9-3　数码管引脚与对应的段码关系

引脚	功能（段码）	引脚	功能（段码）
1	e	6	b
2	d	7	a
3	公共极	8	公共极
4	c	9	f
5	h(dp)	10	g

表4-9-4　数字0 ~ 9段码显示

0	1	2	3	4
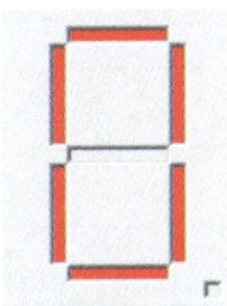	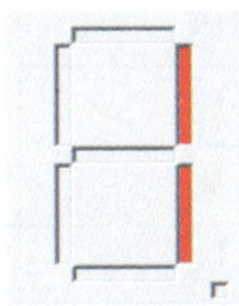	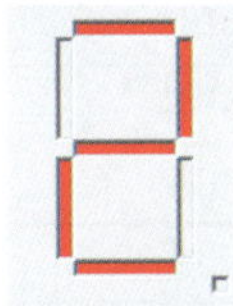	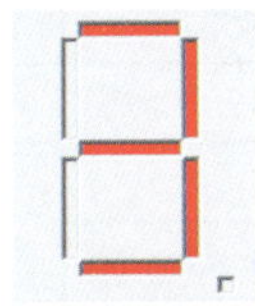	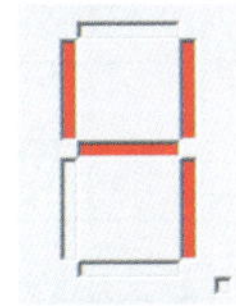
5	**6**	**7**	**8**	**9**
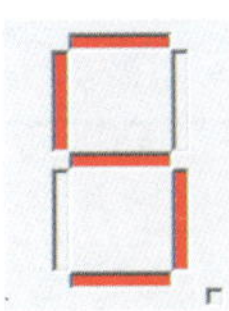	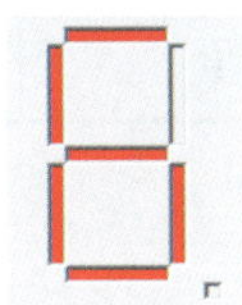	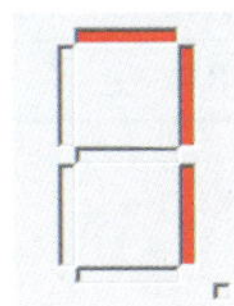	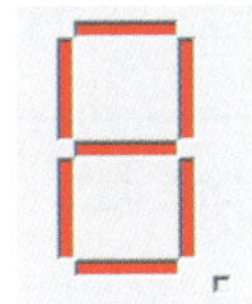	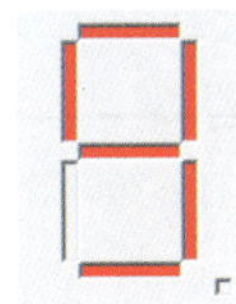

• 电路图

如图 4-9-5。

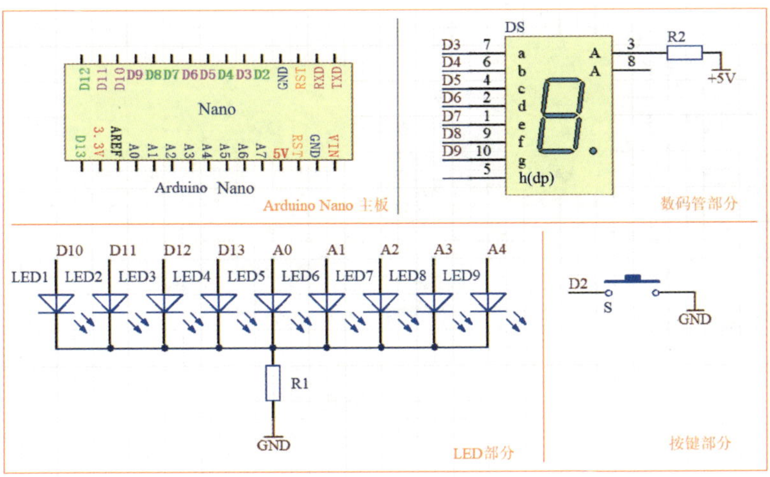

图4-9-5　电路图

• 硬件连接

见表 4-9-5、表 4-9-6。

表4-9-5　Arduino Nano与LED连接（A0 ~ A4作为数字引脚使用）

序号	Arduino Nano	功能	发光二极管	功能
1	D10~D13	数字引脚	红色LED	正极与Nano引脚相连
2	A0~A4	模拟引脚	红色LED	正极与Nano引脚相连

注：9个LED负极通过220Ω电阻与GND相连。

表4-9-6　Arduino Nano与数码管（共阳）连接

序号	Arduino Nano	功能	数码管	功能
1	D3	数字引脚	段码	a
2	D4	数字引脚	段码	b
3	D5	数字引脚	段码	c
4	D6	数字引脚	段码	d
5	D7	数字引脚	段码	e
6	D8	数字引脚	段码	f
7	D9	数字引脚	段码	g

注：数码管阳极串联220Ω电阻与+5V相连。

• 实物布局

如图 4-9-6。

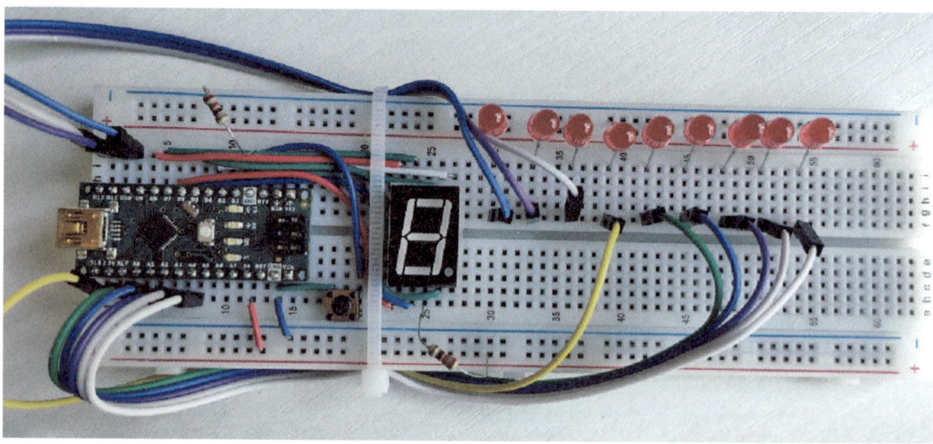

图4-9-6　实物布局图

• 程序编写

```
int a = 3;       // 定义数字接口 3 连接 a 段数码管，共阳数码管
int b = 4;       // 定义数字接口 4 连接 b 段数码管
int c = 5;       // 定义数字接口 5 连接 c 段数码管
int d = 6;       // 定义数字接口 6 连接 d 段数码管
int e = 7;       // 定义数字接口 7 连接 e 段数码管
int f = 8;       // 定义数字接口 8 连接 f 段数码管
int g = 9;       // 定义数字接口 9 连接 g 段数码管
int LED1 = 10;  // 定义 LED 引脚
int LED2 = 11;
```

```
int LED3 = 12;
int LED4 = 13;
int LED5 = 14;   //A0
int LED6 = 15;   //A1
int LED7 = 16;   //A2
int LED8 = 17;   //A3
int LED9 = 18;   //A4
int num;
void setup( )
{
  for (int pin = 3; pin <= 9; pin++)   //for 语句实现设置引脚模式为输出模式
  {
    pinMode(pin, OUTPUT);
    digitalWrite(pin, HIGH);  // 初始化数码管为熄灭状态
  }
  for (int pin = 10; pin <= 18; pin++)   //for 语句实现设置引脚模式为输出模式
  {
    pinMode(pin, OUTPUT);
    digitalWrite(pin, LOW);  // 初始化 LED 为熄灭状态
  }
  randomSeed(analogRead(A5));// 随机数种子
  pinMode(2, INPUT_PULLUP);// 按键设置为上拉模式
}
void loop( )
{
  if (digitalRead(2) == 0) {
    delay(20);
    if (digitalRead(2) == 0) {
      num = random(1, 10);
      while (digitalRead(2) == 0);
    }
  }
  display(num);
}
// 以下是显示数字函数
void digital_0( )   // 显示数字 0
{
  digitalWrite(a, LOW);
  digitalWrite(b, LOW);
```

```
  digitalWrite(c, LOW);
  digitalWrite(d, LOW);
  digitalWrite(e, LOW);
  digitalWrite(f, LOW);
  digitalWrite(g, HIGH);
}
void digital_1( )  //显示数字 1
{
  digitalWrite(a, HIGH);
  digitalWrite(b, LOW);
  digitalWrite(c, LOW);
  digitalWrite(d, HIGH);
  digitalWrite(e, HIGH);
  digitalWrite(f, HIGH);
  digitalWrite(g, HIGH);
}
void digital_2( )  //显示数字 2
{
  digitalWrite(a, LOW);
  digitalWrite(b, LOW);
  digitalWrite(c, HIGH);
  digitalWrite(d, LOW);
  digitalWrite(e, LOW);
  digitalWrite(f, HIGH);
  digitalWrite(g, LOW);
}
void digital_3( )  //显示数字 3
{
  digitalWrite(a, LOW);
  digitalWrite(b, LOW);
  digitalWrite(c, LOW);
  digitalWrite(d, LOW);
  digitalWrite(e, HIGH);
  digitalWrite(f, HIGH);
  digitalWrite(g, LOW);
}
void digital_4( )  //显示数字 4
{
  digitalWrite(a, HIGH);
```

```
  digitalWrite(b, LOW);
  digitalWrite(c, LOW);
  digitalWrite(d, HIGH);
  digitalWrite(e, HIGH);
  digitalWrite(f, LOW);
  digitalWrite(g, LOW);
}
void digital_5( )  // 显示数字 5
{
  digitalWrite(a, LOW);
  digitalWrite(b, HIGH);
  digitalWrite(c, LOW);
  digitalWrite(d, LOW);
  digitalWrite(e, HIGH);
  digitalWrite(f, LOW);
  digitalWrite(g, LOW);
}
void digital_6( )  // 显示数字 6
{
  digitalWrite(a, LOW);
  digitalWrite(b, HIGH);
  digitalWrite(c, LOW);
  digitalWrite(d, LOW);
  digitalWrite(e, LOW);
  digitalWrite(f, LOW);
  digitalWrite(g, LOW);
}
void digital_7( )  // 显示数字 7
{
  digitalWrite(a, LOW);
  digitalWrite(b, LOW);
  digitalWrite(c, LOW);
  digitalWrite(d, HIGH);
  digitalWrite(e, HIGH);
  digitalWrite(f, HIGH);
  digitalWrite(g, HIGH);
}
void digital_8( )  // 显示数字 8
{
```

```
    digitalWrite(a, LOW);
    digitalWrite(b, LOW);
    digitalWrite(c, LOW);
    digitalWrite(d, LOW);
    digitalWrite(e, LOW);
    digitalWrite(f, LOW);
    digitalWrite(g, LOW);
}
void digital_9( )  //显示数字9
{
    digitalWrite(a, LOW);
    digitalWrite(b, LOW);
    digitalWrite(c, LOW);
    digitalWrite(d, LOW);
    digitalWrite(e, HIGH);
    digitalWrite(f, LOW);
    digitalWrite(g, LOW);
}
void displayClear( ) {  //数码管熄灭
    for (int pin = 3; pin <= 9; pin++) {
        digitalWrite(pin, HIGH);
    }
}
void displayLedclear( ) { //LED熄灭
    for (int pin =10; pin<=18; pin++)   //for语句实现设置引脚模式为输出模式
    {
        digitalWrite(pin, LOW);
    }
}
void display(int val)
{
    switch (num) {
        case 1:  //显示1
            displayClear( );
            displayLedclear( );
            digital_1( );
            digitalWrite(LED1, HIGH);
            break;
        case 2:  //显示2
```

```
        displayClear( );
        displayLedclear( );
        digital_2( );
        digitalWrite(LED2, HIGH);
        break;
      case 3:  // 显示 3
        displayClear( );
        displayLedclear( );
        digital_3( );
        digitalWrite(LED3, HIGH);
        break;
      case 4:  // 显示 4
        displayClear( );
        displayLedclear( );
        digital_4( );
        digitalWrite(LED4, HIGH);
        break;
      case 5:  // 显示 5
        displayClear( );
        displayLedclear( );
        digital_5( );
        digitalWrite(LED5, HIGH);
        break;
      case 6:  // 显示 6
        displayClear( );
        displayLedclear( );
        digital_6( );
        digitalWrite(LED6, HIGH);
        break;
      case 7:  // 显示 7
        displayClear( );
        displayLedclear( );
        digital_7( );
        digitalWrite(LED7, HIGH);
        break;
      case 8:  // 显示 8
        displayClear( );
        displayLedclear( );
        digital_8( );
```

```
      digitalWrite(LED8, HIGH);
      break;
    case 9:  // 显示 9
      displayClear( );
      displayLedclear( );
      digital_9( );
      digitalWrite(LED9, HIGH);
      break;
    case 0:  // 显示 0
      displayClear( );
      digital_0( );
      break;
    default:
      displayClear( );
      displayLedclear( );
      break;
  }
}
```

· 程序解析

1. 为美化编写程序，将 void digital_9( ) 等编写为函数，在其他位置进行调用。
2. 随机数函数 random (参数)
格式 1：random(a) 返回 0～a–1 随机数
格式 2：random(a，b) 返回 a～b–1 随机数
3. 随机种子
在产生随机数之前，先执行产生随机数种子的函数 randomSeed（analogRead (pin))，可以获取更佳的随机数，pin 为没有使用的模拟接口。

项目10 数码管自动循环显示数字

实现数码管从 0～9 循环显示数字的过程，本项目不仅可帮读者加深对 Arduino 工作原理的理解，还可助读者提升掌握数字显示控制的能力，见图 4-10-1。

· 实现效果

数码管每隔 1s 循环显示数字 0～9，并且小数点同步闪烁。

图4-10-1　完成效果图

扫码看视频讲解

· 工作原理

利用二维数组读取数字并在数码管上显示，同时确保了代码的简洁性和运行效率。

· 所需器材

见表 4-10-1。

表 4-10-1　所需器材一览表

序号	名称	规格	数量
1	电阻	220Ω	1
2	数码管	一位0.56in共阳	1

· 电路图

如图 4-10-2。

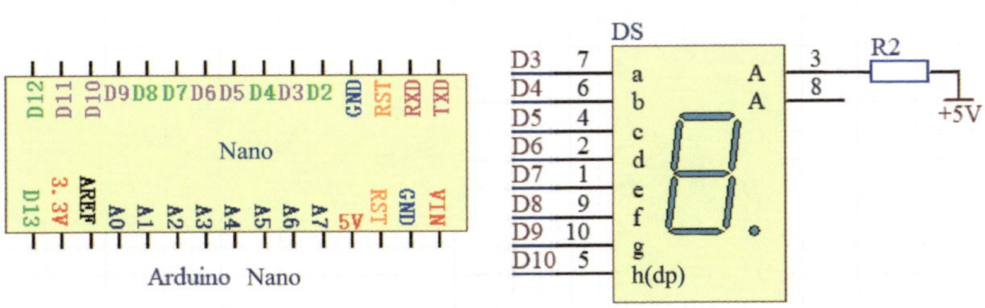

图4-10-2　电路图

· 硬件连接

见表 4-10-2。

表4-10-2　Arduino Nano与数码管（共阳）连接

序号	Ardunio Nano	功能	数码管	功能
1	D3	数字引脚	段码	a
2	D4	数字引脚	段码	b
3	D5	数字引脚	段码	c
4	D6	数字引脚	段码	d
5	D7	数字引脚	段码	e
6	D8	数字引脚	段码	f
7	D9	数字引脚	段码	g
8	D10	数字引脚	段码	h(dp)

数码管阳极串联 220Ω 电阻与 5V 相连。

• 实物布局

如图 4-10-3。

图4-10-3　实物布局图

• 程序编写

```
int smg[10][7] =   // 二维数组
  {
    { 0, 0, 0, 0, 0, 0, 1 },   // 数字 0
    { 1, 0, 0, 1, 1, 1, 1 },   // 数字 1
    { 0, 0, 1, 0, 0, 1, 0 },   // 数字 2
    { 0, 0, 0, 0, 1, 1, 0 },   // 数字 3
    { 1, 0, 0, 1, 1, 0, 0 },   // 数字 4
    { 0, 1, 0, 0, 1, 0, 0 },   // 数字 5
    { 0, 1, 0, 0, 0, 0, 0 },   // 数字 6
    { 0, 0, 0, 1, 1, 1, 1 },   // 数字 7
    { 0, 0, 0, 0, 0, 0, 0 },   // 数字 8
    { 0, 0, 0, 0, 1, 0, 0 },   // 数字 9
```

```
  };
void setup( )
{
  for (int i = 3; i < 11; i++) {
    pinMode(i, OUTPUT);
    digitalWrite(i, HIGH);   // 初始化 pin3 ~ pin10, 引脚输出高电平，确保数码管处于熄灭状态
  }
}
void loop( )
{
  for (int x = 0; x < 10; x++)
 {
    xianshi(x);
    led( );
  }
}
void xianshi(int m) {
  for (int n = 3; n < 10; n++) {
    digitalWrite(n, smg[m][n - 3]);
  }
}
void led( ) // 数码管小数点闪烁
{
  digitalWrite(10, LOW);
  delay(500);
  digitalWrite(10, HIGH);
  delay(500);
}
```

• 程序解析

```
  int smg [10][7]=   // 二维数组
  {
   {0,0,0,0,0,0,1},// 数字 0
……
   {0,0,0,0,1,0,0},// 数字 9
   };;
```

smg 是二维数组的名字，[10] 代表有十行元素，[7] 代表有 7 列元素。

再调用二维数组，参照如下：

smg [0][1]，它选中的就是第一行第二个元素；

smg [9][4]，它选中的就是第十行第五个元素。

在二维数组中，每一行用“,”。

项目11 超声波测距OLED显示

使用 Arduino Nano、超声波传感器以及 OLED 显示屏进行测距并显示，是将硬件测量与数据可视化结合起来的综合项目。见图 4-11-1。

扫码看视频讲解

图4-11-1 完成效果图

· 实现效果

OLED 屏实时显示被测距离（单位：cm）。

· 工作原理

超声波模块发射超声波信号，程序检测其反射回来的信号，通过计算将时间差转换为被测物体的实际距离，实时地在 OLED 显示屏上显示。

· 所需器材

见表 4-11-1。

表 4-11-1 所需器材一览表

序号	名称	规格	数量	序号	名称	规格	数量
1	超声波模块	HC-SR04	1	2	OLED	0.96in	1

HC-SR04 超声波模块具有超声波发射与接收探头、信号放大集成电路等等，直接采用该模块，简化了设计电路。

1. 模块正面与反面

如图 4-11-2 所示。

图4-11-2 超声波模块

模块共四个引脚，VCC 为 5V 供电，Trig 为触发信号输入，Echo 为回响信号输出，GND 为电源地。

2. 超声波时序

如图 4-11-3。

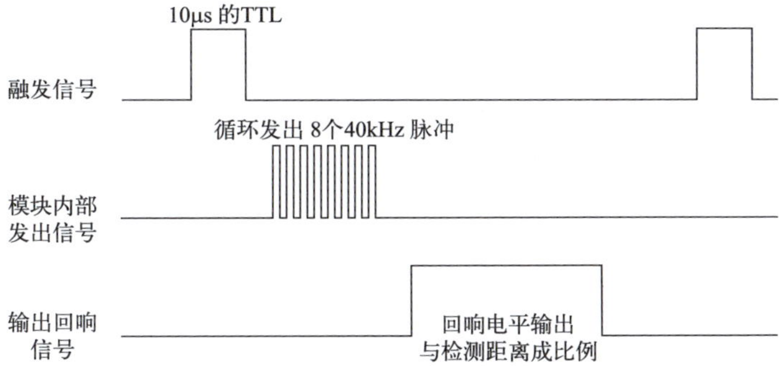

图4-11-3 超声波时序图

从图 4-11-3 可以看出，只要单片机给超声波模块 Trig 引脚 10μs 以上的脉冲触发信号，模块内部就自动发送 8 个 40kHz 的脉冲，一旦检测到反射信号，即输出回响信号（Echo 引脚），回响信号脉冲宽度与被测距离成正比。

3. 使用模块注意事项

被测物理面积不小于 0.5m^2，并且表面平整，否则影响被测距离的精度。

• 电路图

如图 4-11-4。

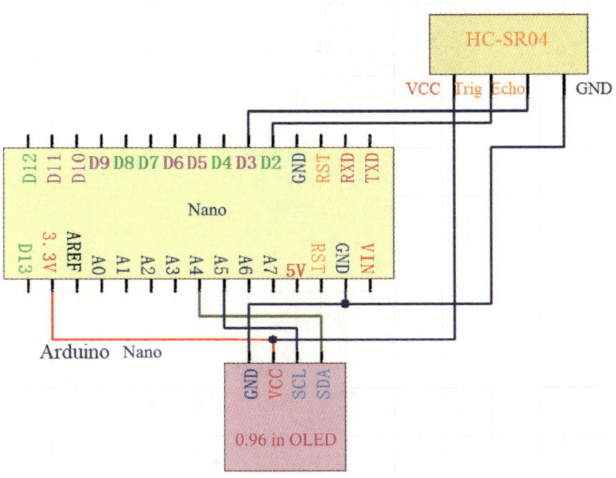

图4-11-4 电路图

• 硬件连接

见表 4-11-2、表 4-11-3。

表 4-11-2 Arduino Nano 与 HC-SR04 连接

序号	Arduino Nano	功能	HC-SR04	功能
1	GND	负极	GND	负极
2	3.3V	电源	VCC	电源
3	D2	数字接口	T	触发
4	D3	数字接口	E	反馈

表 4-11-3 Arduino Nano 与 OLED 连接

序号	Arduino Nano	功能	OLED	功能
1	GND	负极	GND	负极
2	3.3V	电源	VCC	电源
3	A5	SCL	SCL	时钟引脚
4	A4	SDA	SDA	数据引脚

· 器材布局

如图 4-11-5。

图4-11-5 布局示意图

· 实物布局

如图 4-11-6。

图4-11-6 实物布局图

• 程序编写

```
#include <Wire.h>   // 调用 I²C 库文件
#include <Adafruit_GFX.h>
#include <Adafruit_SSD1306.h>
#define SCREEN_WIDTH 128    // OLED 屏幕宽度
#define SCREEN_HEIGHT 64    // OLED 屏幕高度
#define OLED_ADDRESS 0x3C   // OLED-I²C 地址
Adafruit_SSD1306 display(SCREEN_WIDTH, SCREEN_HEIGHT, &Wire, OLED_ADDRESS);
int trig = 2; // 触发
int echo = 3; // 反馈
void setup( )
{
  pinMode(echo, INPUT);
  pinMode(trig, OUTPUT);
  Serial.begin(9600);
  Wire.begin( );  // 启动 I²C 通信
    // 初始化 OLED
if (!display.begin(SSD1306_SWITCHCAPVCC, OLED_ADDRESS))
 {
      Serial.println(F("SSD1306 初始化失败 "));
      for (;;)
        ;
    }
    display.setTextSize(2);  // 设置显示字体大小
}
void loop( )
{
  digitalWrite(trig, LOW); // 低电平
  delayMicroseconds(10);// 延时 10μs
  digitalWrite(trig, HIGH);// 高电平
  delayMicroseconds(10);// 延时 10μs
  digitalWrite(trig, LOW); // 低电平
  delayMicroseconds(10);// 延时 10μs
  long  t = pulseIn(echo, HIGH); // 自带函数采样反馈的高电平的宽度，单位 μs
  float S = t*0.017; // 使用浮点计算出距离，单位 cm
  /* 公式推导：t 单位是 μs，换算为 s, 需要除以 1000000。光速为 340m/s
  S = (t/1000000)×340=(t×0.34)/1000。再将单位换算为 cm，因为超声波从发射到被测物之
间走了来回，所以还需除以 2，公式就是 S = t×0.017*/
  Serial.print(" 超声波测距：");
  Serial.print(S);// 通过串口输出距离数值
```

```
    Serial.println(" cm");
    display.setCursor(30, 10);              // 设置显示位置
    display.setTextColor(SSD1306_WHITE);    // 设置字体颜色为白色
    display.println("Ce Ju");       // 显示内容

    display.setCursor(1, 30);                         // 设置显示位置
    display.setTextColor(SSD1306_WHITE);                  // 设置字体颜色为白色
    display.print(S);   // 显示内容
    display.println(" cm");   // 显示内容
    display.display(   );           // 开显示
    display.clearDisplay(   );   // 清屏
    S = 0; // 清零
    t = 0; // 清零
    delay(1000);// 延时
}
```

串口输出如图 4-11-7。

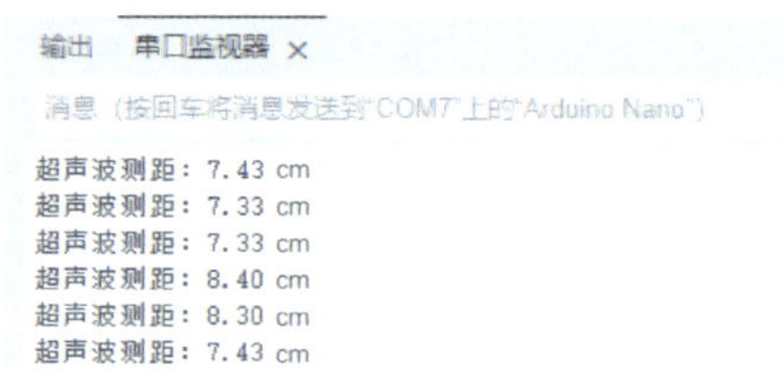

图4-11-7　串口输出

项目12　74HC595控制LED

74HC595 芯片控制 LED 是一种在数字电路系统中广泛应用的方案，它利用 74HC595 的串行输入 / 并行输出特性，节约了控制器的 I/O 口资源，使得能够控制更多的 LED。例如本例只需 3 个 Arduino 数字接口，就可以控制 8 个 LED 工作。本项目是将一组数据 11110010，通过编写程序，实现 LED 点亮与熄灭。见图 4-12-1。

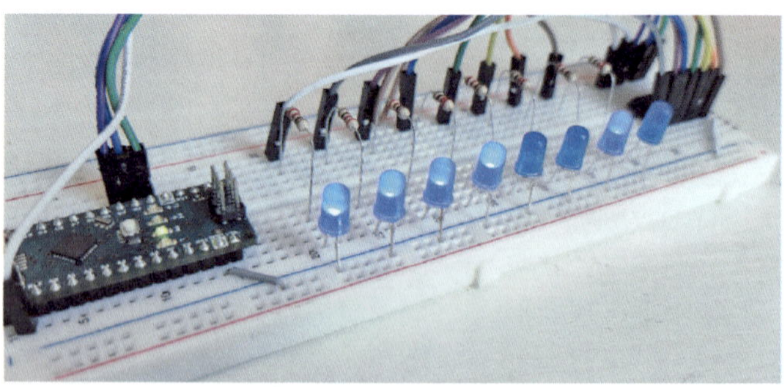

扫码看视频讲解

图4-12-1　完成效果图

· 实现效果

74HC595 驱动 8 个 LED，进行点亮或者熄灭。实现效果就是前四个 LED、

以及第 7 个 LED 点亮，其余熄灭。

・工作原理

利用 74HC595 串行输入并行输出的特点，将串行输入的数据并行输出，控制 LED 点亮或者熄灭。

・所需器材

见表 4-12-1。

表 4-12-1　所需器材一览表

序号	名称	规格	数量
1	IC	74HC595	1
2	发光二极管	5mm-蓝	8
3	电阻	220Ω	8

74HC595 引脚功能如表 4-12-2。

表 4-12-2　74HC595 引脚功能

引脚	名称	功能	引脚	名称	功能
1	Q1	数据输出	9	Q7′	串行数据输出（级联）
2	Q2	数据输出	10	MR	主复位，接VCC
3	Q3	数据输出	11	SHCP	数据输入时钟线
4	Q4	数据输出	12	STCP	数据输出锁存时钟线
5	Q5	数据输出	13	OE	输出有效，接负极
6	Q6	数据输出	14	DS	串行数据输入
7	Q7	数据输出	15	Q0	数据输出
8	GND	负极（地）	16	VCC	正极

74HC595 如何移位呢？举例描述，将串行数据（DS）11110010 依次输出，输出方法，采用先送低位，后送高位，也就是先从 0 开始。详细步骤如下：

第一步：

SHCP 引脚置低电平

传输 11110010 第一位 0

SHCP 引脚置高电平

运行结果：

0							

第二步：

SHCP 引脚置低电平

传输 11110010 第二位 1

SHCP 引脚置高电平

运行结果：

1	0						

第三步：

SHCP 引脚置低电平

传输 11110010 第三位 0

SHCP 引脚置高电平

运行结果：

0	1	0					

第四步：

SHCP 引脚置低电平

传输 11110010 第四位 0

SHCP 引脚置高电平

运行结果：

0	0	1	0				

第五步：

SHCP 引脚置低电平

传输 11110010 第五位 1

SHCP 引脚置高电平

运行结果：

1	0	0	1	0			

第六步：

SHCP 引脚置低电平

传输 11110010 第六位 1

SHCP 引脚置高电平

运行结果：

1	1	0	0	1	0		

第七步：

SHCP 引脚置低电平

传输 11110010 第七位 1

SHCP 引脚置高电平

运行结果：

1	1	1	0	0	1	0	

第八步：
SHCP 引脚置低电平
传输 11110010 第八位 1
SHCP 引脚置高电平
运行结果：

1	1	1	1	0	0	1	0

• 电路图

如图 4-12-2。

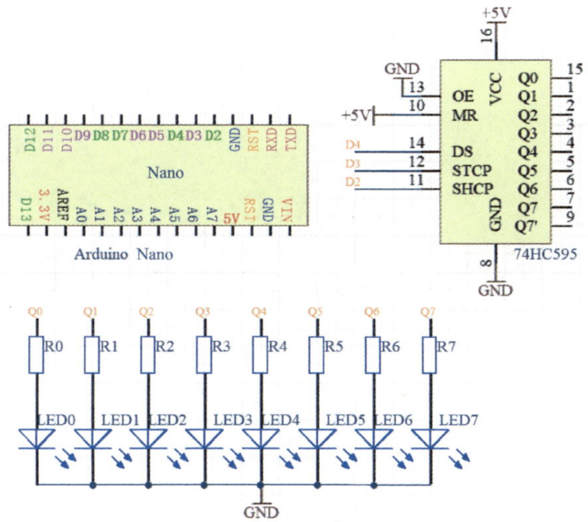

图4-12-2　电路原理图

• 硬件连接

见表 4-12-3。

表 4-12-3　Arduino 与 74HC595 连接

序号	Arduino	功能	74HC595	功能
1	5V	电源正极	VCC	正极
2	GND	电源负极	GND	负极
3	D2	数字接口	SHCP（11）	数据输入时钟线
4	D3	数字接口	STCP（12）	数据输出锁存时钟线
5	D4	数字接口	DS（14）	串行数据输入

各个输出（Q）经过 220Ω 限流电阻与 LED 串联。

• 器材布局

如图 4-12-3。

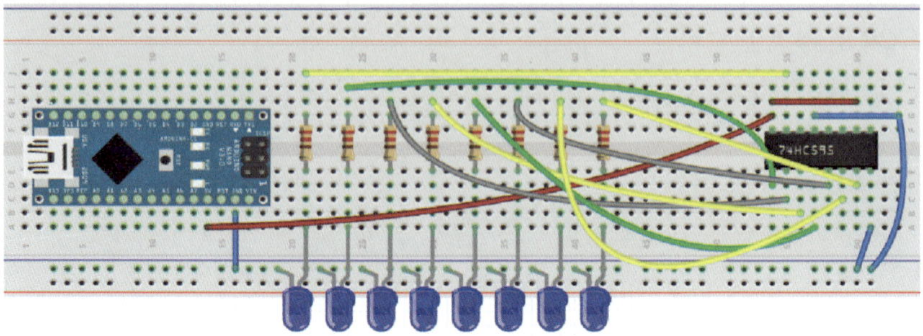

图4-12-3　布局示意图

• 实物布局

如图 4-12-4。

图4-12-4　实物布局图

• 程序编写

```
int SHCP = 2;
int STCP = 3;
int DS = 4;
void setup (  )
{
  pinMode(SHCP, OUTPUT);
  pinMode(STCP, OUTPUT);
  pinMode(DS, OUTPUT);
}
void loop(  )
{
  digitalWrite(STCP, LOW); // 将 STCP 加低电平让芯片准备好接收数据
  xianshi (  );
  digitalWrite(STCP, HIGH); // 将 STCP 这个针脚恢复到高电平
}
```

```
void  xianshi ( )
{
  digitalWrite(SHCP, LOW);
  digitalWrite(DS, 0);
  digitalWrite(SHCP, HIGH);

  digitalWrite(SHCP, LOW);
  digitalWrite(DS, 1);
  digitalWrite(SHCP, HIGH);

  digitalWrite(SHCP, LOW);
  digitalWrite(DS, 0);
  digitalWrite(SHCP, HIGH);

  digitalWrite(SHCP, LOW);
  digitalWrite(DS, 0);
  digitalWrite(SHCP, HIGH);

  digitalWrite(SHCP, LOW);
  digitalWrite(DS, 1);
  digitalWrite(SHCP, HIGH);

  digitalWrite(SHCP, LOW);
  digitalWrite(DS, 1);
  digitalWrite(SHCP, HIGH);

  digitalWrite(SHCP, LOW);
  digitalWrite(DS, 1);
  digitalWrite(SHCP, HIGH);

  digitalWrite(SHCP, LOW);
  digitalWrite(DS, 1);
  digitalWrite(SHCP, HIGH);
}
```

• 程序解析

```
digitalWrite(SHCP, LOW);// 低电平
digitalWrite(DS, 0);// 准备好数据
digitalWrite(SHCP, HIGH);// 高电平
```

经过以上步骤，将数据 0 移位到寄存器。

然后将要发送的数据封装函数，在 loop ( ) 函数中调用 void xianshi ( ) 即可。

项目13 74HC595控制数码管

74HC595 芯片以其串行输入并行输出的特性，成为驱动数码管显示模块的常见选择，它不仅能够大幅度减少 Arduino 与多个数码管之间的连接线路，降低布线复杂度，还通过高效的数据传输方式，确保了数码管显示的实时性。见图 4-13-1。

扫码看视频讲解

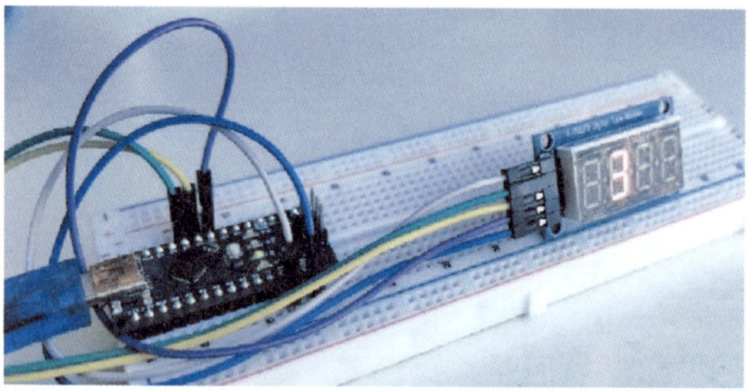

图4-13-1　完成效果图

· 实现效果

四个数码管轮流显示数字 1～9，实现高效且流畅的切换显示。

· 工作原理

采用 74HC595 芯片集成数码管模块，可以显著简化电路设计和布线。在程序设计中，通过循环读取需要显示的数字（段码）以及对应的显示位置（位码），可以有效控制数码管的显示。

· 所需器材

见表 4-13-1。

表 4-13-1　所需器材一览表

序号	名称	规格	数量
1	四位数码管显示模块（74HC595驱动）	0.4in	1

四位一体数码管在电子电路制作中使用较多，如图 4-13-2。它是将四个数码管封装在一起，将四个数码管的段码（a～g、dp）并联以控制显示内容（例如显示数字 6），同时各数码管的位码（公共端）独立引出，通过动态扫描方式点亮指定数码管。模块内部集成两片 74HC595 移位寄存器，采用串行输入方式驱动，

图4-13-2　数码管（四位一体）

仅需 5 条控制线即可完成显示控制，减少了单片机 I/O 资源的占用。

• 电路图

如图 4-13-3。

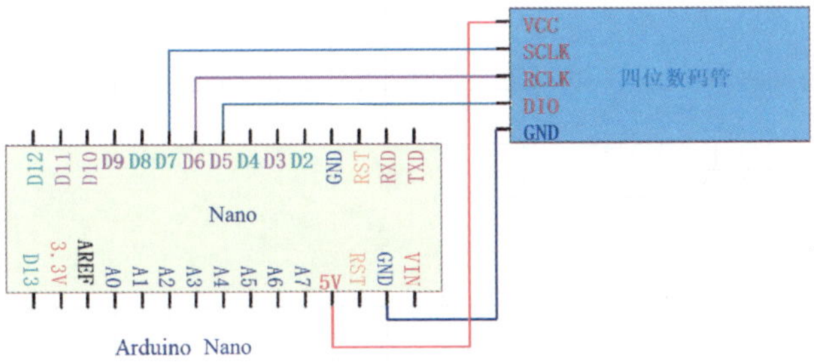

图4-13-3　电路图

• 硬件连接

见表 4-13-2。

表 4-13-2　Arduino Nano 与数码管模块

序号	Arduino Nano	功能	数码管模块	功能
1	GND	负极	GND	负极
2	5V	电源	VCC	电源
3	D7	数字接口	SCLK(SHCP)	数据输入时钟
4	D6	数字接口	RCLK(STCP)	数据输出锁存时钟
5	D5	数字接口	DIO	串行数据输入

• 实物图

如图 4-13-4。

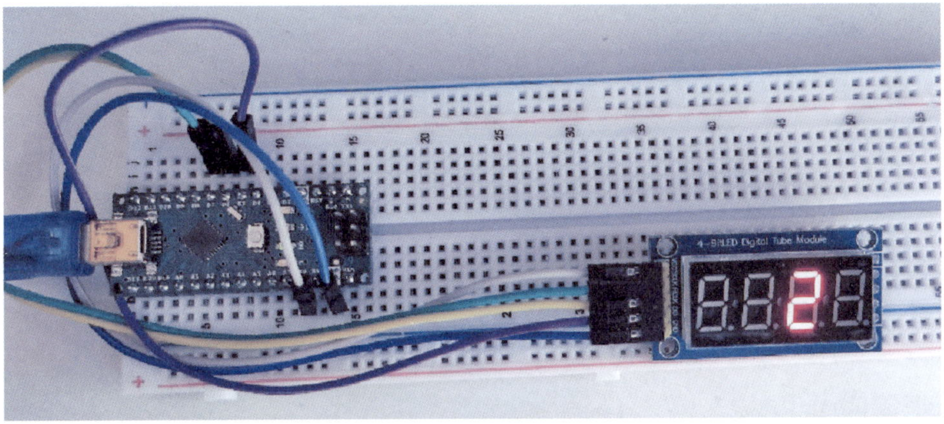

图4-13-4　实物布局图

• 程序编写

```
int SCLK = 7;  // 又名 SHCP 74HC595 数据输入时钟线
int RCLK = 6;  // 又名 STCP 74HC595 数据输出锁存时钟线
int DIO = 5;   //74HC595 串行数据输入
int num;
// 数码管数字显示
unsigned char Dis_table[ ] = { 0xC0, 0xF9, 0xA4, 0xB0, 0x99, 0x92, 0x82, 0xF8, 0X80, 0X90,
0x00, 0xbf };
unsigned char Dis_buf[ ] = { 0xF1, 0xF2, 0xF4, 0xF8 };
void setup( )
{
  pinMode(SCLK, OUTPUT);  // 输出模式
  pinMode(RCLK, OUTPUT);  // 输出模式
  pinMode(DIO, OUTPUT);   // 输出模式
}
void loop( )
{
  display( );
}
void display( )
{
  num++;
  switch (num) {
    case 1:
      digital_1( );
      delay(1000);
      break;
    case 2:
      digital_2( );
      delay(1000);
      break;
    case 3:
      digital_3( );
      delay(1000);
      break;
    case 4:
      digital_4( );
      delay(1000);
      break;
    case 5:
      digital_5( );
      delay(1000);
      break;
```

```
        case 6:
          digital_6( );
          delay(1000);
          break;
        case 7:
          digital_7( );
          delay(1000);
          break;
        case 8:
          digital_8( );
          delay(1000);
          break;
        case 9:
          digital_9( );
          delay(1000);
          break;
        default:
          break;
      }
      if (num > 10) { num = 0; }
    }
    void digital_9( )  // 显示数字 9
    {
      digitalWrite(RCLK, LOW); // 让芯片准备好接收数据
      shiftOut(DIO, SCLK, MSBFIRST, Dis_table[9]); // 发送显示码，MSBFIRST 表示高位在前，也
就是一串数字从左边开始 */
      shiftOut(DIO, SCLK, MSBFIRST, Dis_buf[2]); // 显示位码
      digitalWrite(RCLK, HIGH); // 恢复到高电平
      delay(2); // 延时
    }
    void digital_8( )
    {
      digitalWrite(RCLK, LOW);
      shiftOut(DIO, SCLK, MSBFIRST, Dis_table[8]);
      shiftOut(DIO, SCLK, MSBFIRST, Dis_buf[1]);
      digitalWrite(RCLK, HIGH);
      delay(2);   // 延时
    }
    void digital_7( )
    {
      digitalWrite(RCLK, LOW);
      shiftOut(DIO, SCLK, MSBFIRST, Dis_table[7]);
      shiftOut(DIO, SCLK, MSBFIRST, Dis_buf[0]);
```

```
    digitalWrite(RCLK, HIGH);
    delay(2);   // 延时
}
void digital_6( )
{
    digitalWrite(RCLK, LOW);
    shiftOut(DIO, SCLK, MSBFIRST, Dis_table[6]);
    shiftOut(DIO, SCLK, MSBFIRST, Dis_buf[1]);
    digitalWrite(RCLK, HIGH);
    delay(2);   // 延时
}
void digital_5( )
{
    digitalWrite(RCLK, LOW);
    shiftOut(DIO, SCLK, MSBFIRST, Dis_table[5]);
    shiftOut(DIO, SCLK, MSBFIRST, Dis_buf[2]);
    digitalWrite(RCLK, HIGH);
    delay(2);   // 延时
}
void digital_4( )
{
    digitalWrite(RCLK, LOW);
    shiftOut(DIO, SCLK, MSBFIRST, Dis_table[4]);
    shiftOut(DIO, SCLK, MSBFIRST, Dis_buf[3]);
    digitalWrite(RCLK, HIGH);
    delay(2);   // 延时
}
void digital_3( )
{
    digitalWrite(RCLK, LOW);
    shiftOut(DIO, SCLK, MSBFIRST, Dis_table[3]);
    shiftOut(DIO, SCLK, MSBFIRST, Dis_buf[2]);
    digitalWrite(RCLK, HIGH);
    delay(2);   // 延时
}
void digital_2( )
{
    digitalWrite(RCLK, LOW);
    shiftOut(DIO, SCLK, MSBFIRST, Dis_table[2]);
    shiftOut(DIO, SCLK, MSBFIRST, Dis_buf[1]);
    digitalWrite(RCLK, HIGH);
    delay(2);   // 延时
}
```

```
void digital_1( )
{
  digitalWrite(RCLK, LOW);
  shiftOut(DIO, SCLK, MSBFIRST, Dis_table[1]);
  shiftOut(DIO, SCLK, MSBFIRST, Dis_buf[0]);
  digitalWrite(RCLK, HIGH);
  delay(2);  // 延时
}
void digital_0( )
{
  digitalWrite(RCLK, LOW);
  shiftOut(DIO, SCLK, MSBFIRST, Dis_table[0]);
  shiftOut(DIO, SCLK, MSBFIRST, Dis_buf[0]);
  digitalWrite(RCLK, HIGH);
  delay(2);  // 延时
}
```

· 程序解析

MSBFIRST 表示高位在前传输数据。

shiftOut(DIO，SCLK，MSBFIRST，Dis_table[9]);

Dis_table[9]，即数组中“0x90”，换算为二进制：1001 0000，对应数码管段码 h（dp）、g、f、e、d、c、b、a 。如图 4-13-5。

shiftOut(DIO，SCLK，MSBFIRST，Dis_buf[2]); // 显示位码

Dis_buf[2]，即数组中“0xF4”，换算为二进制：1111 0100，因为只有 4 位数码管，前 4 位不考虑，“0100”中第二位是“1”，对应显示 9，如图 4-13-6。

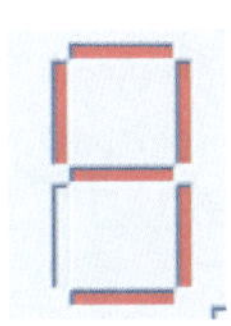

图4-13-5　数码管显示“9”

图4-13-6　数码管第二位显示数字

项目14　WS2812 LED编程控制

WS2812 是一种智能控制 LED，它是将控制电路和 RGB 芯片集成在一个组件中。每个灯珠可以实现 256 级亮度显示，完成 1600 万种全真色彩显示。见图 4-14-1。

扫码看视频讲解

图4-14-1　高清图

· 实现效果

WS2812 可呈现绚烂多彩的灯光显示效果。

· 工作原理

WS2812 通过单总线串行通信方式，接收来自 Arduino 的控制数据，驱动每个 LED 的点亮颜色和亮度。

· 所需器材

见表 4-14-1。

表 4-14-1　所需器材一览表

序号	名称	规格	数量
1	WS2812	8位	1

一个 WS2812 灯珠最大电流是 60mA，如采用超过 10 个灯珠的 WS2812，在确保安全的情况下，建议采用电源模块等外置电源为 WS2812 灯带供电。贴片式封装如图 4-14-2。

单个 WS2812 灯珠引脚功能如表 4-14-2。

表 4-14-2　WS2812引脚功能

序号	符号	名称
1	VDD	电源正极
2	DOUT	控制信号输出，用于级联多个WS2812
3	VSS	电源负极
4	DIN	控制信号输入，Arduino 数字控制引脚

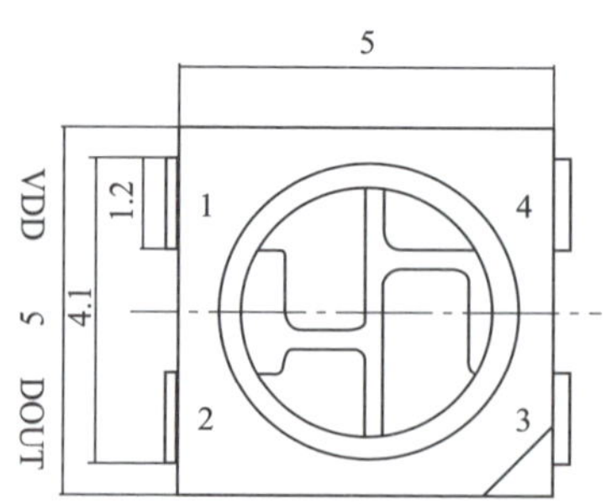

图4-14-2　单个WS2812 贴片封装

WS2812 灯带可单独控制每个 LED 的亮度和颜色，由于内嵌放大驱动电路、振荡器和电压可编程控制芯片，可通过 Arduino 一个数字引脚控制多个 LED。

WS2812 灯带有条形或者圆形外观，如图 4-14-3 所示。

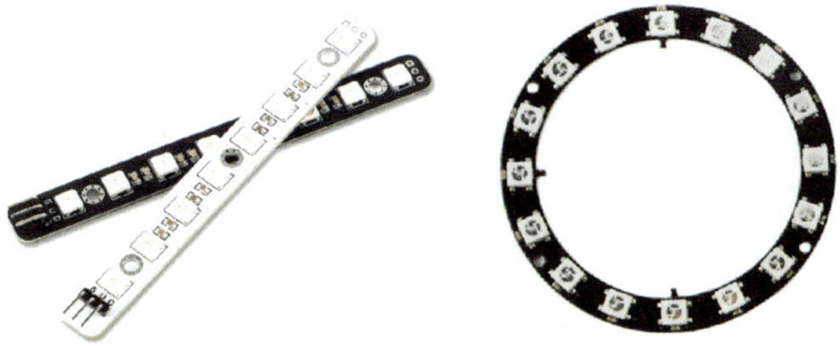

图4-14-3　WS2812灯带

• 电路图

如图 4-14-4。

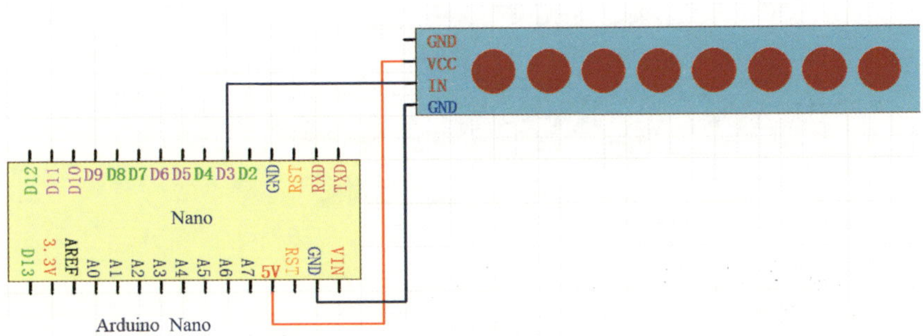

图4-14-4　电路图

• 硬件连接

见表 4-14-3。

表 4-14-3　Arduino Nano 与 WS2812 连接

序号	Arduino	功能	WS2812	功能
1	D3	数字接口	IN	控制信号输入
2	GND	负极	GND	负极
3	5V	电源	VCC	电源

• 器材布局

如图 4-14-5。

• 实物布局

如图 4-14-6。

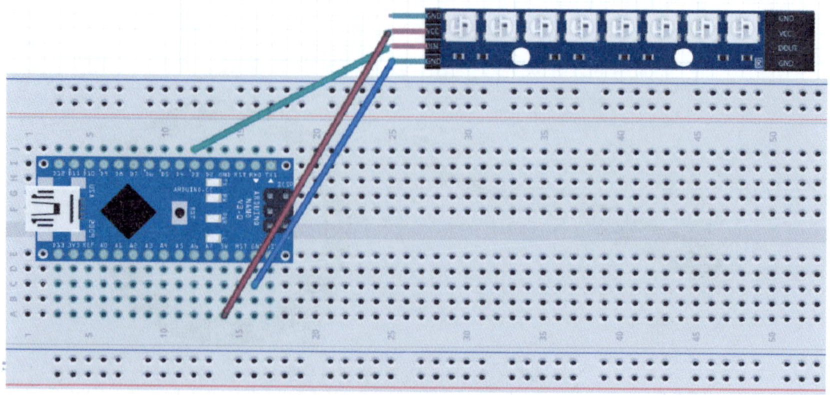

图4-14-5　布局示意图

图4-14-6　实物布局图

• 程序编写

```
#include <FastLED.h>   // 库文件（使用前安装库文件）
#define NUM_LEDS 8    // 灯带 LED 的数量
#define DATA_PIN 3    // 控制灯带数字接口
CRGB leds[NUM_LEDS];   // 建立光带 LED
int beginHue = 0;       // 定义变量，在 fill_rainbow 函数中使用
#define BRIGHTNESS 30   // 设置 LED 的亮度，最大值是 255
void setup( )
{
  FastLED.addLeds<WS2812, DATA_PIN, GRB>(leds, NUM_LEDS);// 初始化 LED 光带
  FastLED.setBrightness(BRIGHTNESS);   // 初始化灯带亮度
}
void loop( )
{
 //jichuxianshi( ) ;
fillrainbow( );
}
void jichuxianshi( )
{
```

```
    for (int i = 0; i < 8; i++)   // 8 个 LED 间隔 100ms 循环点亮红色
    {
      leds[i] = CRGB::Red;
      FastLED.show( );
      delay(100);
      leds[i] = CRGB::Black;
      FastLED.show( );
      delay(100);
    }
}
void fillrainbow( )// 动态变化的彩虹色，通过 beginHue++，逐渐改变色条起始数值
{
  beginHue++;
  if (beginHue > 256) beginHue = 1;
  fill_rainbow(leds, 8, beginHue, 10);
  FastLED.show( );
  delay(10);
}
```

• 程序解析

1. 初始化 LED 光带函数

FastLED.addLeds ＜ WS2812，DATA_PIN，GRB ＞ (leds，NUM_LEDS);

WS2812——控制灯珠的类型；

DATA_PIN——控制板上使用的 I/O 接口；

GRB——色彩类型；

NUM_LEDS——灯珠的总数量。

2. 刷新显示函数

FastLED.show( );

3.fill_rainbow(leds，8，beginHue，detaHue)

beginHue——起始色调数值，彩虹色最大为 255；

detaHue——相邻灯珠的色调差，最大为 255。

项目15 智能数显红绿灯

本项目中的红绿灯采用了多元化的提醒方式，不仅通过数码管进行清晰的倒计时显示，还利用 WS2812 灯带进行视觉上的配合提醒，共同构成了全面而直观的模拟交通指示系统。见图 4-15-1。

·实现效果

图4-15-1 完成效果图

绿色LED点亮8s，数码管从数字8倒计时，WS2812全部显示绿色，并随数码管显示数字时逐渐全部熄灭。

绿色LED闪烁3次，数码管显示“-”。

黄色LED点亮3s，同时WS2812显示黄色，数码管显示“-”。

红色LED点亮8s，数码管从数字8倒计时，WS2812灯珠显示红色，并随数码管显示数字时逐渐全部点亮。

依次循环。

·工作原理

智能红绿灯系统通过Arduino编程控制，实现红绿灯的切换与数码管的倒计时显示，利用WS2812灯带提供色彩丰富的辅助提醒。便于电路制作，数字显示采用数码管模块。

·所需器材

见表4-15-1。

表4-15-1 所需器材一览表

序号	名称	规格	数量
1	四位数码管显示模块（74HC595驱动）	0.4in	1
2	WS2812	8位	1
3	红绿灯模块	—	

红、黄、绿三个LED分别焊接在电路板上，它们的负极连接在一起，有4个引脚，分别对应红、黄、绿三个LED的正极与公共负极，同时电路焊接有限流电阻，如图4-15-2。

红绿灯模块基本参数如表4-15-2。

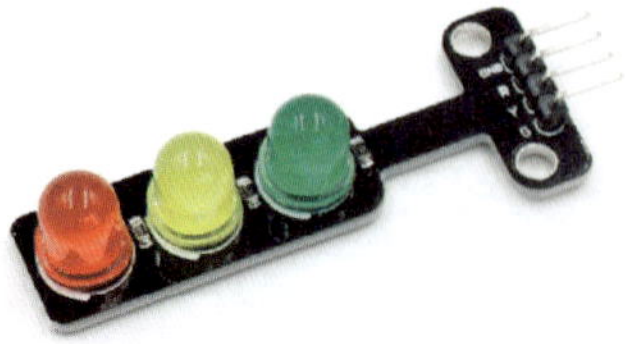
图4-15-2 红绿灯模块

表4-15-2 红绿灯模块基本参数

项目	参数
电压	5V
输入	数字信号
接口	共阴极红黄绿单独控制

·电路图

如图4-15-3。

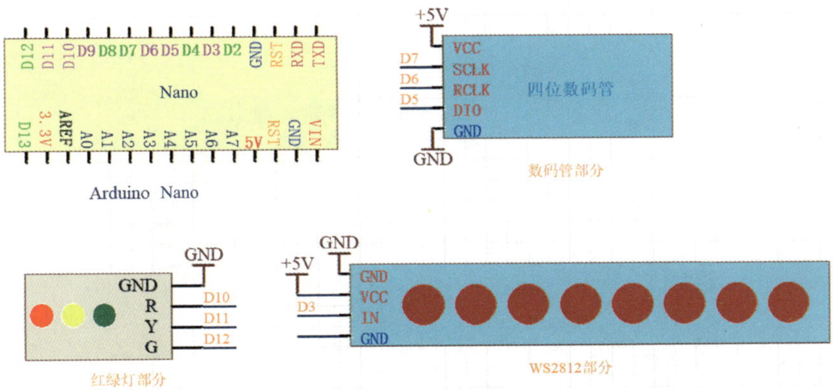

图4-15-3　电路图

• 硬件连接

见表 4-15-3～表 4-15-5。

表 4-15-3　Arduino Nano与数码管连接

序号	Arduino Nano	功能	数码管	功能
1	GND	负极	GND	负极
2	5V	电源	VCC	电源
3	D7	数字接口	SCLK	数据输入时钟
4	D6	数字接口	RCLK	数据输出锁存时钟
5	D5	数字接口	DIO	串行数据输入

表 4-15-4　Arduino Nano与WS2812连接

序号	Arduino Nano	功能	WS2812	功能
1	D3	数字接口	IN	控制信号输入
2	GND	负极	GND	负极
3	5V	电源	VCC	电源

表 4-15-5　Arduino Nano与红绿灯模块连接

序号	Arduino Nano	功能	红绿灯模块	功能
1	D10	数字接口	R	红色LED
2	D11	数字接口	Y	黄色LED
3	D12	数字接口	G	绿色LED
4	GND	负极	GND	负极

· 实物布局

如图 4-15-4。

扫码看视频讲解

图4-15-4　实物布局图

· 程序编写

```
int SCLK = 7; // 又名 SHCP 74HC595 数据输入时钟线
int RCLK = 6; // 又名 STCP 74HC595 数据输出锁存时钟线
int DIO = 5;   //74HC595 串行数据输入
// 数码管数字显示
unsigned char Dis_table[  ] = {0xC0,0xF9,0xA4,0xB0,0x99,0x92,0x82,0xF8,0x80,0x90,0x00,0xbf};
// 数码管位选
unsigned char Dis_buf[  ]   = {0xF1,0xF2,0xF4,0xF8};
int R=10;// 红色 LED
int Y=11;// 黄色 LED
int G=12;// 绿色 LED
#include <FastLED.h>//WS2812 灯库文件
#define NUM_LEDS 8   // 灯带 LED 的数量
#define DATA_PIN 3 // 控制灯带数字接口
CRGB leds[NUM_LEDS];// 建立光带 LED
#define BRIGHTNESS 50 // 设置 LED 的亮度，最大值是 255
void setup (  )
{
  pinMode(SCLK,OUTPUT);// 输出模式
  pinMode(RCLK,OUTPUT);// 输出模式
  pinMode(DIO,OUTPUT); // 输出模式
  for(int pin = 10;pin <=12;pin++)//for 语句实现设置引脚模式为输出模式
  {
   pinMode(pin,OUTPUT);
   digitalWrite(pin,LOW); // 初始化红绿灯模块中 LED 为熄灭状态
```

```
  }
  FastLED.addLeds<WS2812, DATA_PIN, GRB>(leds, NUM_LEDS);// 初始化 LED 光带
  FastLED.setBrightness(BRIGHTNESS);// 初始化灯带亮度
}
void loop( )
{
  delay(1000);// 延时
  // 绿色 LED 点亮 8s，数码管从数字 8 倒计时，同时 WS2812 显示
  green_and_2812_shumguan( );
   digital_gd( );// 数码管显示横杠
   Green_Yellow ( ); // 绿色闪烁 3 次，以及黄色点亮 3s，同时 WS2812 显示
   Red_shumaguan_2812 ( );// 红色 LED 点亮，数码管倒计时，同时 WS2812 显示
}
void green_and_2812_shumguan( )// 绿色点亮 8s，数码管倒计时，同时 WS2812 显示
{
   digitalWrite(G,HIGH);
   digital_8( ); // 显示数字 8
     //for 语句实现点亮 WS2812 相关位数，显示 1、2、3、4、5、6、7、8
for(int a = 7;a >=0;a--)
 {
         leds[a] = CRGB::Green;
        }
     FastLED.show( );
     delay(1000);
     leds[7] = CRGB::Black;// 第 1 个 LED 熄灭
     FastLED.show( );
delay(50);

digital_7( );
//for 语句实现设置点亮 WS2812 相关位数，显示 2、3、4、5、6、7、8 位数
for(int a = 6;a >=0;a--)
 {
         leds[a] = CRGB::Green;
        }
     FastLED.show( );
     delay(1000);
     leds[6] = CRGB::Black;// 第 2 个 LED 熄灭
     FastLED.show( );
     delay(50);
digital_6( );
//for 语句实现设置点亮 WS2812 相关位数，显示 3、4、5、6、7、8 位数
   for(int a = 5;a>=0;a--)
 {
```

```
    leds[a] = CRGB::Green;
  }
    FastLED.show( );
    delay(1000);
    leds[5] = CRGB::Black;// 第 3 个 LED 熄灭
    FastLED.show( );
    delay(50);
  digital_5( );
//for 语句实现设置点亮 WS2812 相关位数，显示 4、5、6、7、8 位数
  for(int a = 4;a>=0;a--)
    {
    leds[a] = CRGB::Green;
    }
    FastLED.show( );
    delay(1000);
    leds[4] = CRGB::Black;// 第 4 个 LED 熄灭
    FastLED.show( );
    delay(50);
    digital_4( );
//for 语句实现设置点亮 WS2812 相关位数，显示 5、6、7、8 位数
  for(int a = 3;a>=0;a--)
    {
      leds[a] = CRGB::Green;
     }
    FastLED.show( );
    delay(1000);
    leds[3] = CRGB::Black;// 第 5 个 LED 熄灭
    FastLED.show( );
    delay(50);
    digital_3( );
//for 语句实现设置点亮 WS2812 相关位数，显示 6、7、8 位数
  for(int a = 2;a>=0;a--)
{
    leds[a] = CRGB::Green;
  }
    FastLED.show( );
    delay(1000);
    leds[2] = CRGB::Black;// 第 6 个 LED 熄灭
    FastLED.show( );
    delay(50);
digital_2( );
//for 语句实现设置点亮 WS2812 相关位数，显示 7、8 位数
    for(int a = 1;a>=0;a--)
```

```
        {
          leds[a] = CRGB::Green;
        }
        FastLED.show( );
       delay(1000);
       leds[1] = CRGB::Black;// 第 7 个 LED 熄灭
       FastLED.show( );
       delay(50);
       digital_1( );
       leds[0] = CRGB::Green; // 第 8 个 LED 点亮绿色
       FastLED.show( );
       delay(1000);
       leds[0] = CRGB::Black;// 第 8 个 LED 熄灭
       FastLED.show( );
       delay(50);
       digitalWrite(G,LOW);
}
void Green_Yellow ( ) // 绿色闪烁 3 次，以及黄色点亮 3s,WS2812 也显示 3s。
{
    for(int i= 0;i<3;i++) // 绿色 LED 闪烁 3 次
       {
         digitalWrite(G,HIGH);
         delay(1000);// 延时 1s
         digitalWrite(G,LOW);
         delay(1000);// 延时 1s
       }
       //Yellow-LED 点亮 3s
       digitalWrite(Y,HIGH);
       for(int a= 7;a>=0;a--)//for 语句实现设置显示 WS2812 相关位数
         {
            leds[a] = CRGB::Yellow;
            FastLED.show( );
         }
       delay(3000);// 延时 3s
       digitalWrite(Y,LOW);
       delay(100);// 短暂延时
       for(int a = 7;a>=0;a--)//for 语句实现设置显示 WS2812 相关位数
         {
          leds[a] = CRGB::Black;//WS2812 关闭显示
          FastLED.show( );
         }
}
// 红色 LED 点亮 8s，数码管倒计时显示，以及 WS2812 点亮
```

```
void Red_shumaguan_2812 ( )
{
    delay(500);
    digitalWrite(R,HIGH);// 红色 LED 点亮
    digital_8( );  // 显示数字 8
    leds[0] = CRGB::Red; // 第 8 个 LED 点亮
    FastLED.show( );
    delay(1000);
    digital_7( );// 显示数字 7
    for(int b = 0;b<=1;b++)//for 语句实现 WS2812 相关位数，第 8、7 位点亮
      {
        leds[b] = CRGB::Red;
      }
     FastLED.show( );
     delay(1000); // 延时
    digital_6( );// 显示数字 6
    for(int b = 0;b<=2;b++)//for 语句实现 WS2812 相关位数，第 8、7、6 位点亮
     {
      leds[b] = CRGB::Red;
     }
     FastLED.show( );
     delay(1000);
    digital_5( );// 显示数字 5
    for(int b = 0;b<=3;b++)//for 语句实现 WS2812 相关位数，第 8、7、6、5 位点亮
     {
      leds[b] = CRGB::Red;
     }
     FastLED.show( );
     delay(1000);

digital_4( );  // 显示数字 4
//for 语句实现 WS2812 相关位数，第 8、7、6、5、4 位点亮
for(int b = 0;b<=4;b++)
  {
      leds[b] = CRGB::Red;
     }
     FastLED.show( );
     delay(1000);
digital_3( );// 显示数字 3
//for 语句实现 WS2812 相关位数，第 8、7、6、5、4、3 位点亮
   for(int b = 0;b<=5;b++)
      {
      leds[b] = CRGB::Red;
```

```
        }
      FastLED.show(  );
      delay(1000);
digital_2(  ); // 显示数字 2
//for 语句实现 WS2812 相关位数，第 8、7、6、5、4、3、2 位点亮
for(int b = 0;b<=6;b++)
{
        leds[b] = CRGB::Red;
        }
      FastLED.show(  );
      delay(1000);
digital_1(  );// 显示数字 1
//for 语句实现 WS2812 相关位数，第 8、7、6、5、4、3、2、1 位点亮
      for(int b = 0;b<=7;b++)
{
        leds[b] = CRGB::Red;
        }
      FastLED.show(  );
      delay(1000);
     digitalWrite(R,LOW);// 红色 LED 熄灭
   for(int c = 0;c <=7;c++)// 熄灭 WS2812 所有 LED
     {
      leds[c] = CRGB::Black;
        FastLED.show(  );
        delay(1);
     }
   digital_gd(  );  // 显示 "–" 等待
 }
void digital_9(  ) // 显示数字 9
{
digitalWrite(RCLK,LOW); // 将 STCP 口上面加低电平让芯片准备好接收数据
// 发送显示码，MSBFIRST 表示高位在前，也就是一串数字从左边开始
shiftOut(DIO,SCLK,MSBFIRST,Dis_table[9]);
shiftOut(DIO,SCLK,MSBFIRST,Dis_buf[0] );   // 显示位码
     digitalWrite(RCLK,HIGH); // 将 STCP 这个针脚恢复到高电平
     delay(2);
}
void digital_8(  )
{
     digitalWrite(RCLK,LOW);
     shiftOut(DIO,SCLK,MSBFIRST,Dis_table[8]);
     shiftOut(DIO,SCLK,MSBFIRST,Dis_buf[0] );
     digitalWrite(RCLK,HIGH);
```

```
        delay(2);
}
void digital_7( )
{
        digitalWrite(RCLK,LOW);
        shiftOut(DIO,SCLK,MSBFIRST,Dis_table[7]);
        shiftOut(DIO,SCLK,MSBFIRST,Dis_buf[0] );
        digitalWrite(RCLK,HIGH);
        delay(2);
}
void digital_6( )
{
        digitalWrite(RCLK,LOW);
        shiftOut(DIO,SCLK,MSBFIRST,Dis_table[6]);
        shiftOut(DIO,SCLK,MSBFIRST,Dis_buf[0] );
        digitalWrite(RCLK,HIGH);
        delay(2);
}
void digital_5( )
{
        digitalWrite(RCLK,LOW);
        shiftOut(DIO,SCLK,MSBFIRST,Dis_table[5]);
        shiftOut(DIO,SCLK,MSBFIRST,Dis_buf[0] );
        digitalWrite(RCLK,HIGH);
        delay(2);
}
void digital_4( )
{
        digitalWrite(RCLK,LOW);
        shiftOut(DIO,SCLK,MSBFIRST,Dis_table[4]);
        shiftOut(DIO,SCLK,MSBFIRST,Dis_buf[0] );
        digitalWrite(RCLK,HIGH);
        delay(2);
}
void digital_3( )
{
        digitalWrite(RCLK,LOW);
        shiftOut(DIO,SCLK,MSBFIRST,Dis_table[3]);
        shiftOut(DIO,SCLK,MSBFIRST,Dis_buf[0] );
        digitalWrite(RCLK,HIGH);
        delay(2);
}
void digital_2( )
```

```
{
    digitalWrite(RCLK,LOW);
   shiftOut(DIO,SCLK,MSBFIRST,Dis_table[2]);
   shiftOut(DIO,SCLK,MSBFIRST,Dis_buf[0] );
   digitalWrite(RCLK,HIGH);
   delay(2);
}
void digital_1( )
{
    digitalWrite(RCLK,LOW);
   shiftOut(DIO,SCLK,MSBFIRST,Dis_table[1]);
   shiftOut(DIO,SCLK,MSBFIRST,Dis_buf[0] );
   digitalWrite(RCLK,HIGH);
   delay(2);
}
void digital_0( )
{
    digitalWrite(RCLK,LOW);
   shiftOut(DIO,SCLK,MSBFIRST,Dis_table[0]);
   shiftOut(DIO,SCLK,MSBFIRST,Dis_buf[0] );
   digitalWrite(RCLK,HIGH);
   delay(2);
}
void digital_gd( ) // 显示"-"
{
  digitalWrite(RCLK,LOW);
   shiftOut(DIO,SCLK,MSBFIRST,Dis_table[11]);
   shiftOut(DIO,SCLK,MSBFIRST,Dis_buf[0] );
   digitalWrite(RCLK,HIGH);
   delay(2);/
}
```

项目16 迷你电压表

Arduino Nano 具有八个模拟输入引脚，可用于自制迷你电压表。本项目电压表测量的直流电压范围在 0～10V 之间。见图 4-16-1。

• 实现效果

迷你电压表可以测量 0～10V 电压，OLED 显示屏同时显示被测电压与模拟量。

扫码看视频讲解

图4-16-1　完成效果图

· 工作原理

为了测量高达 10V 的电压（超出 Arduino Nano 的模拟引脚 5V 输入限制），本设计采用精密分压电阻方案。通过采集分压后的电压值，并在程序中进行计算，即可精确推导被测电压，确保读数准确无误。

· 所需器材

见表 4-16-1。

表 4-16-1　所需器材一览表

序号	名称	规格	数量
1	OLED	0.96in	1
2	电阻	10kΩ	2

· 电路图

如图 4-16-2。

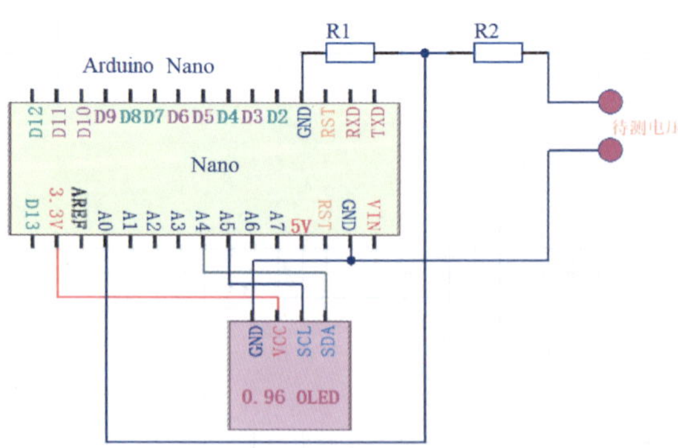

图4-16-2　电路图

· 硬件连接

见表 4-16-2。

表4-16-2 Arduino Nano与OLED连接

序号	Arduino Nano	功能	OLED	功能
1	GND	负极	GND	负极
2	3.3V	电源	VCC	电源
3	A5	SCL	SCL	时钟引脚
4	A4	SDA	SDA	数据引脚

电阻R1与R2串联，一端接电源负极，另一端接待测电压，两个电阻中间节点接模拟引脚A0。

· 器材布局

如图4-16-3。

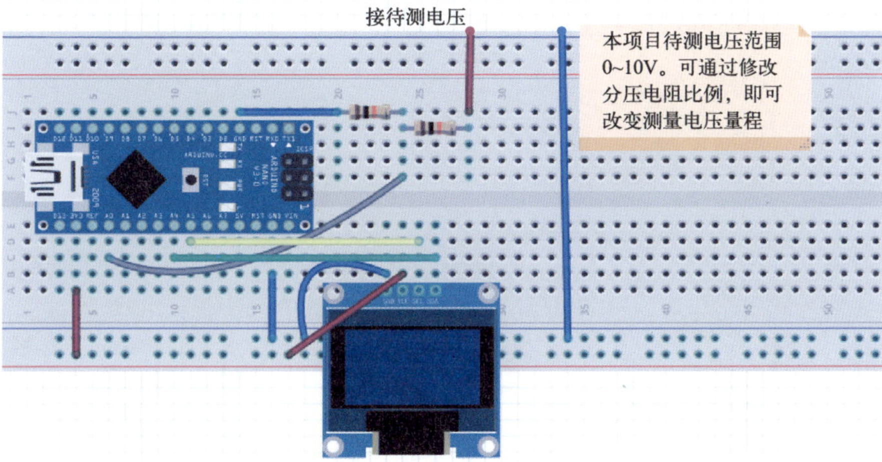

图4-16-3 布局示意图

· 实物布局

如图4-16-4。

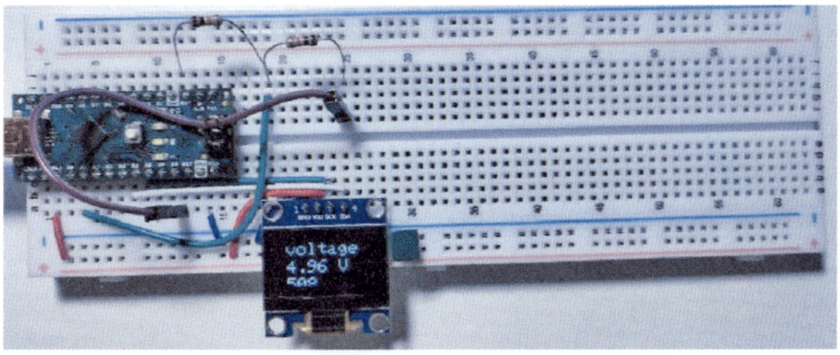

图4-16-4 实物布局图（测量5V电压）

- **程序编写**

```
#include <Wire.h>   // 调用 I²C 库文件
#include <Adafruit_GFX.h>
#include <Adafruit_SSD1306.h>
#define SCREEN_WIDTH 128      // OLED 屏幕宽度
#define SCREEN_HEIGHT 64      // OLED 屏幕高度
#define OLED_ADDRESS 0x3C     // OLED-I²C 地址
Adafruit_SSD1306 display(SCREEN_WIDTH, SCREEN_HEIGHT, &Wire, OLED_ADDRESS);
float V; // 定义浮点类型变量
void setup (  )
{
  Serial.begin(9600);
  Wire.begin(  ); // 启动 I²C 通信
    // 初始化 OLED
if (!display.begin(SSD1306_SWITCHCAPVCC, OLED_ADDRESS))
{
       Serial.println(F("SSD1306 初始化失败 "));
       for (;;)
         ;
    }
    display.setTextSize(2);// 设置显示字体大小
}
void loop(  )
{
  int i = analogRead(A0);// 读取 A0 模拟接口数值
  V = 5.00 * i / 1024 * 2; // 计算被测电压数值
  Serial.print(" 电压：");
  Serial.print(V);// 通过串口输出距离数值
  Serial.print("V");
  Serial.print(" 模拟量：");
  Serial.println(i);

  display.setCursor(20, 10);                // 设置显示位置
  display.setTextColor(SSD1306_WHITE); // 设置字体颜色为白色
  display.println("voltage");              // 显示内容

  display.setCursor(20, 30);                // 设置显示位置
  display.setTextColor(SSD1306_WHITE); // 设置字体颜色为白色
  display.print(V);
  display.println("V");

  display.setCursor(20, 50);                // 设置显示位置
```

```
    display.setTextColor(SSD1306_WHITE); // 设置字体颜色为白色
    display.println(i);
    display.display( );          // 开显示
    display.clearDisplay( );  // 清屏
    delay(500);// 延时
}
```

图4-16-5　串口显示

串口输出信息如图 4-16-5。

测试 Arduino Nano 主板 3.3V 电压如图 4-16-6。

测试 5 号电池电压如图 4-16-7。

图4-16-6　测试Arduino Nano 主板3.3V电压

图4-16-7　测试5号电池电压

• 程序解析

1. 定义 V 为 float 类型，因为被测的电压数值带有小数点。

2.R2 上电压 =5.00×（i/1024），由于 R1 ∶ R2=1 ∶ 1，那么总电压 V=5.00×（i/1024）×2。

项目17　18B20数字温度仪

采用 DS18B20 温度传感器实现实时温度采集，通过集成 I^2C 转接板的 LCD 1602 液晶屏与串口同步显示，仅需四条引线即可完成 LCD 1602 的电路连接，实现便捷的温度监测与显示。见图 4-17-1。

图4-17-1　完成效果图

扫码看视频讲解

・实现效果

本项目实现实时监测环境温度的功能，并在OLED屏幕上显示跳动的心形符号“♥”，不仅提升了用户体验，还让每一次查看温度都充满了温馨。

・工作原理

本项目采用18B20温度传感器精确采集环境温度，通过程序计算后，在支持I^2C协议的LCD1602显示屏上实时显示温度数值，在程序编写前，需要安装相关库文件。

・所需器材

见表4-17-1。

表4-17-1　所需器材一览表

序号	名称	规格	数量
1	温度传感器	DS18B20	1
2	液晶显示屏	LCD1602（具备I^2C功能）	1
3	电阻	10kΩ	1

1. 18B20温度传感器

采用DALLAS（达拉斯）公司生产的传感器，型号为DS18B20，外围电路非常简洁。DS18B20外观如图4-17-2。引脚排列如图4-17-3。

图4-17-2　DS18B20

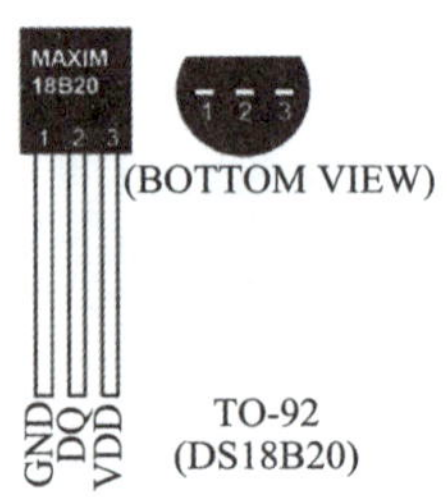

图4-17-3　18B20引脚排列示意图

GND为电源地，DQ为数据输入/输出，VDD为电源输入端。

DS18B20图形符号如图4-17-4，用U表示。

由于DS18B20温度传感器本身没有输出高电平的能力，在单片机读取“1”（即高电平）时，必须使用其他方式，一般在信号输入/输出端子DQ接一个上拉电阻，上拉电阻的典型阻值为10kΩ。如图4-17-5。

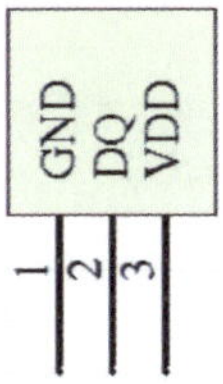

图4-17-4　DS18B20图形符号

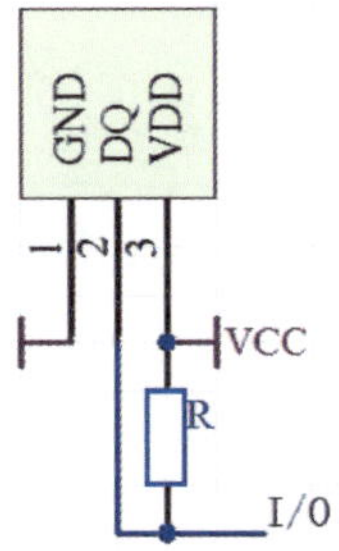

图4-17-5　DQ接上拉电阻

2. LCD1602 液晶显示屏

LCD1602 本身不具备 I^2C 接口，需 PCE8547 模块来进行转接。如图 4-17-6。

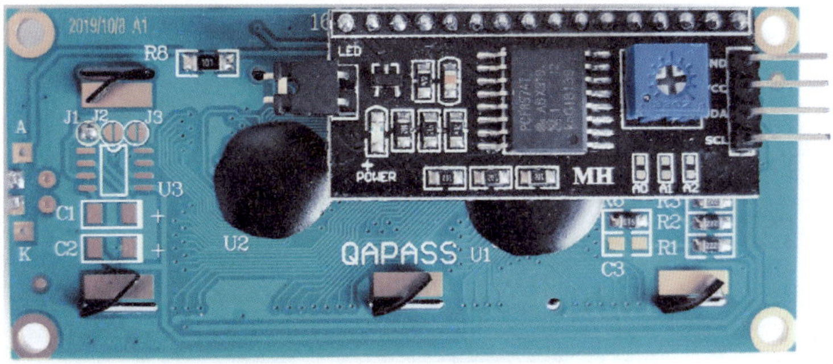

图4-17-6　带转接板的LCD1602

通过跳线帽设置是否带背光灯，插上跳线帽 LCD1602 带背光。蓝色的电位器是调整 LCD1602 的对比度。

转接板上 A0、A1、A2 是用来设置设备总线地址，全部悬空，默认地址是 0x27(二进制 0010 0111)。A0、A1、A2 全部短路地址为 0x20。如表 4-17-2。

表4-17-2　A0、A1、A2对应地址

A2（电平状态）	A1（电平状态）	A0（电平状态）	地址（十六进制）
L	L	L	0x20
L	L	H	0x21
L	H	L	0x22
L	H	H	0x23
H	L	L	0x24
H	L	H	0x25
H	H	L	0x26
H	H	H	0x27

引脚说明，如表 4-17-3。

表 4-17-3　引脚说明

VCC	电源正极	GND	电源负极
SDA	I^2C数据线	SCL	I^2C时钟线

· 电路图

如图 4-17-7。

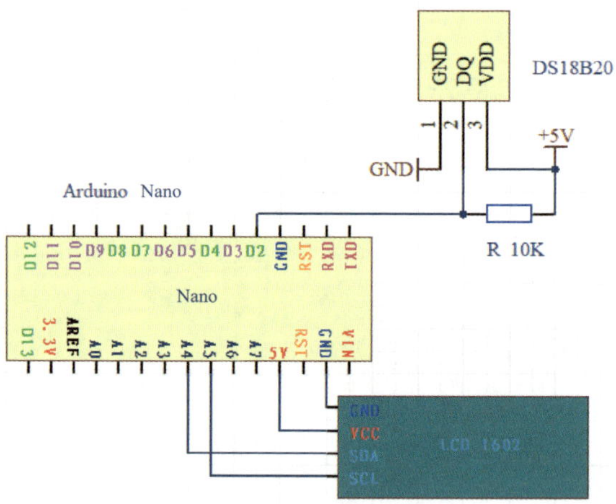

图4-17-7　电路图

· 硬件连接

见表 4-17-4、表 4-17-5。

表 4-17-4　Arduino Nano 与 18B20 连接

序号	Arduino Nano	功能	18B20	功能
1	GND	负极	GND	负极
2	5V	电源	VDD	电源
3	D2	数字引脚	DQ	数据传输

表 4-17-5　Arduino Nano 与 LCD1602（具备 I^2C 协议功能）连接

序号	Arduino Nano	功能	LCD1602	功能
1	GND	负极	GND	负极
2	5V	电源	VCC	电源
3	A4	SDA	SDA	数据引脚
4	A5	SCL	SCL	时钟引脚

· 器材布局

如图 4-17-8。

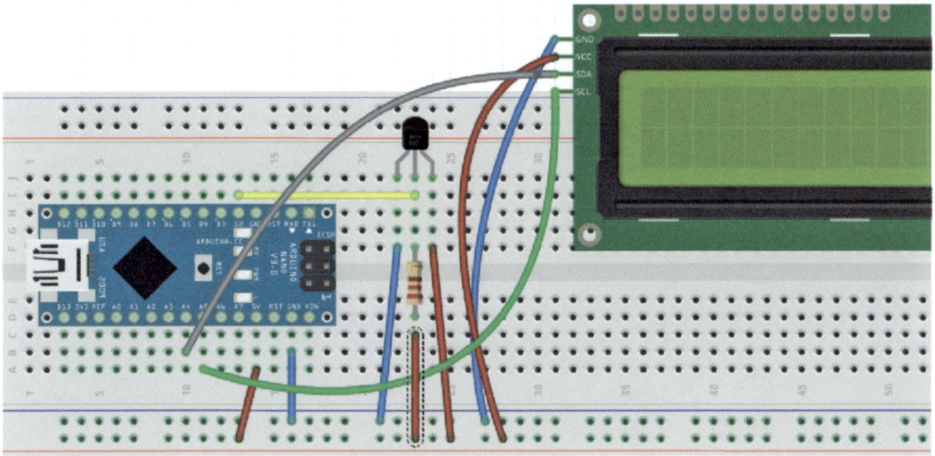

图4-17-8　布局示意图

· 实物布局

如图 4-17-9。

图4-17-9　实物布局图

· 程序编写

1. 安装 LCD1602 库文件

如图 4-17-10。

将图 4-17-11 中框中的两个文件放入 C：\Users\Administrator\Documents\Arduino\libraries。

图4-17-10　安装库文件

图4-17-11　将相关库文件放到指定位置

2. 编写程序

```
#include<OneWire.h>// 调用单总线库
#include<DallasTemperature.h>// 调用传感器 18B20 库
#define datapin 2// 定义 DS18B20 传感器数据传输引脚
OneWire onewire(datapin);
DallasTemperature sensors(&onewire);

#include <Wire.h> // 调用 I²C 库文件
#include <LCDI2C_Multilingual.h>
LCDI2C_Generic lcd(0x27, 16, 2);   // 设置 LCD1602 设备地址以及行列数值

byte wenduChar[8] =    // 显示温度符号
{
  B10000,
  B00111,
  B01000,
  B01000,
  B01000,
  B01000,
  B00111,
  B00000
};
byte heartChar[8] =    // 显示心形符号
{
  B00000,
  B01010,
  B11111,
```

```
    B11111,
    B11111,
    B01110,
    B00100,
    B00000
};
byte nodisChar[8] = // 不显示
{
    B00000,
    B00000,
    B00000,
    B00000,
    B00000,
    B00000,
    B00000,
    B00000
};
void setup( )
{
    Serial.begin(9600);// 初始化串口
    Serial.println("18B20 实时采集温度 ");
    sensors.begin( );// 初始化温度传感器 18B20
    lcd.init( );// 初始化 LCD
  Serial.begin(9600);// 串口波特率
  lcd.backlight( );// 点亮背景光源
  lcd.print("Welcome to         ");
  lcd.setCursor(0, 1);// 光标移动到第 2 行的第 1 个字符
  lcd.print("         fsm studio");
  delay(2000);
  lcd.clear( );// 清屏
  lcd.setCursor(0, 0);// 光标移动到第 1 行的第 1 个字符开始显示
  lcd.print("18B20 Test");
  lcd.setCursor(0, 1);// 光标移动到第 2 行的第 1 个字符
  lcd.print("    Good luck!    ");
  delay(2000);
  lcd.clear( );// 清屏
  lcd.createChar(1, wenduChar);// 创建一个可在 LCD 上使用的自定义字符
  lcd.createChar(2, heartChar);// 创建一个可在 LCD 上使用的自定义字符
  lcd.createChar(3, nodisChar);// 创建一个可在 LCD 上使用的自定义字符
}
void loop( )
{
    sensors.requestTemperatures( );// 对传感器发送请求
```

```
    Serial.print(" 温度: ");// 串口打印
    float val=sensors.getTempCByIndex(0);// 读取温度值，并赋值给 val
    Serial.print(val);// 打印温度值
    Serial.println(" ℃ ");// 打印温度符号

  lcd.setCursor(0, 0);// 光标移动到第 1 行的第 1 个字符开始显示
  lcd.print("    Real time       ");// 显示 " 实时 "
  lcd.setCursor(0, 1);// 光标移动到第 2 行的第 1 个字符
  lcd.print("T:");
  lcd.print(val);//LCD 显示温度数值
  lcd.write(1);// 使用 write 函数进行写入，在 LCD 显示温度符号
  lcd.setCursor(9, 1);
  lcd.print("I");
  lcd.setCursor(13, 1);
  lcd.print("you");
  lcd.setCursor(11, 1);
  lcd.write(2);// 使用 write 函数进行写入，在 LCD 显示心符号
  delay(500);
  lcd.setCursor(11, 1);
  lcd.write(3);// 使用 write 函数进行写入，在 LCD 不显示心符号
  delay(500);
}
```

串口显示如图 4-17-12。

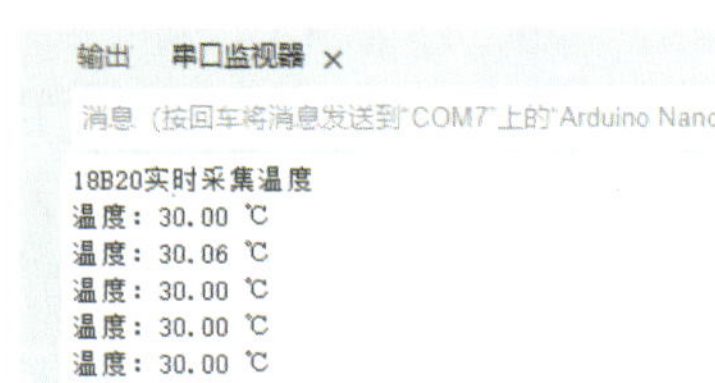

图4-17-12 串口显示

• 程序解析

心形跳动程序编写方法：

```
lcd.setCursor(11, 1);// 光标移动到第 2 行的第 12 个字符
lcd.write(2);// 使用 write 函数进行写入，在 LCD 显示心符号
delay(500);
lcd.setCursor(11, 1);// 光标移动到第 2 行的第 12 个字符
lcd.write(3);// 使用 write 函数进行写入，在 LCD 不显示心符号
delay(500);
```

项目18 DS3231高精度实时时钟

基于 DS3231 实时时钟模块（RTC）、OLED 和 LCD1602 液晶显示屏的时钟。DS3231 是一款高精度、低功耗的 I²C 实时时钟（RTC）模块。本项目实现串口、

LCD1602（I^2C）、OLED 同时显示时间效果。见图 4-18-1。

图4-18-1　完成效果图

扫码看视频讲解

· 实现效果

该设计利用了 OLED 与 LCD1602 屏各自的优势，OLED 屏幕主要负责显示当前的时间信息，利用其高对比度和鲜艳色彩的优势，而 LCD1602 屏幕则承担更全面的显示信息，包括日期、时钟、温度。

· 工作原理

DS3231 实时时钟模块、OLED 显示屏与 LCD1602 液晶显示模块，均通过 I^2C 协议与 Arduino 在 A4、A5 引脚上实现数据通信，由于各自具备唯一的 I^2C 地址，三者能够独立且互不干扰地工作，完美展现了 I^2C 协议高效、简洁的数据传输优势，实现了信息的精准展示。

· 所需器材

见表 4-18-1。

表 4-18-1　所需器材一览表

序号	名称	规格	数量
1	OLED	0.96in	1
2	实时时钟模块	DS3231	1
3	液晶显示屏	LCD1602（I^2C）	1

DS3231 模块，采用 I^2C 总线进行数据传输，简化硬件连接，提高系统可靠性，DS3231 还内置数字温度传感器。DS3231 默认 I^2C 地址 0x57。A0～A2 用来设置地址，如图 4-18-2。

DS3231 模块通常包含以下引脚：VCC，主电源输入；GND，地线；SDA，串行数据输入 / 输出；SCL，串行时钟输入。如图 4-18-3。常见模块 I^2C 默认地址见表 4-18-2。

图4-18-2 DS3231模块

图4-18-3 DS3231引脚功能

表4-18-2 常见模块I²C默认地址

模块名称	默认地址
DS3231	0x57
LCD1602	0x27
OLED	0x3c

• 电路图

如图4-18-4。

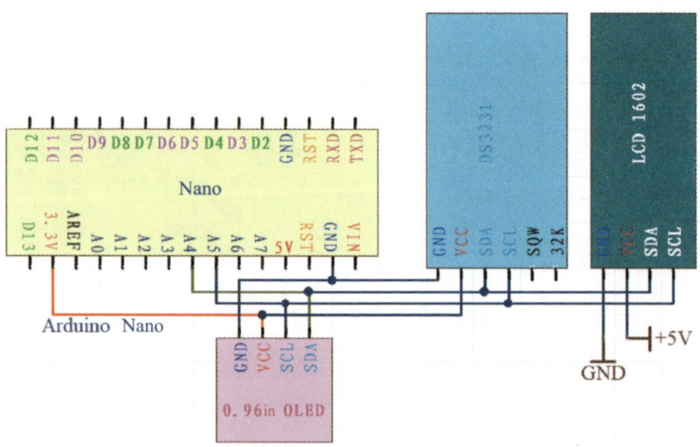

图4-18-4 电路图

• 硬件连接

见表4-18-3～表4-18-5。

表4-18-3 Arduino Nano与OLED连接

序号	Arduino Nano	功能	OLED	功能	序号	Arduino Nano	功能	OLED	功能
1	GND	负极	GND	负极	3	A5	SCL	SCL	时钟引脚
2	3.3V	电源	VCC	电源	4	A4	SDA	SDA	数据引脚

表 4-18-4 Arduino Nano 与 DS3231 连接

序号	Arduino Nano	功能	DS3231	功能	序号	Arduino Nano	功能	DS3231	功能
1	GND	负极	GND	负极	3	A5	SCL	SCL	时钟引脚
2	3.3V	电源	VCC	电源	4	A4	SDA	SDA	数据引脚

表 4-18-5 Arduino Nano 与 LCD 1602（I²C）连接

序号	Arduino Nano	功能	LCD1602	功能	序号	Arduino Nano	功能	LCD1602	功能
1	GND	负极	GND	负极	3	A5	SCL	SCL	时钟引脚
2	5V	电源	VCC	电源	4	A4	SDA	SDA	数据引脚

· 器材布局

如图 4-18-5。

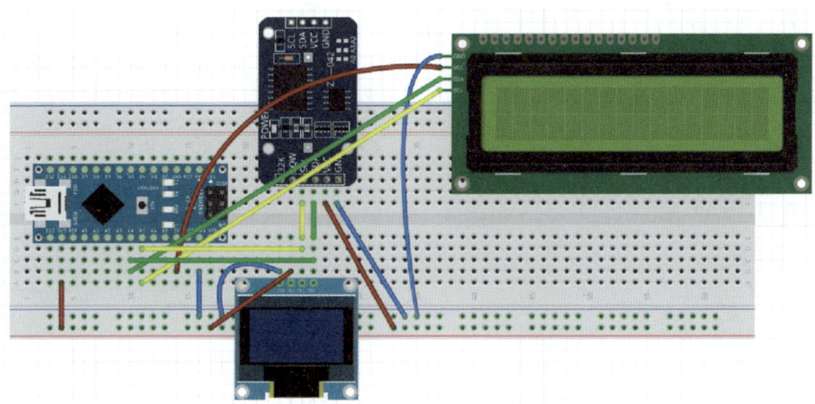

图4-18-5 布局示意图

· 实物布局

如图 4-18-6。

图4-18-6 实物布局图

• 程序编写

1. 安装 DS3231 库文件，库管理中搜索 rtclib，如图 4-18-7、图 4-18-8。

图4-18-7　安装库文件

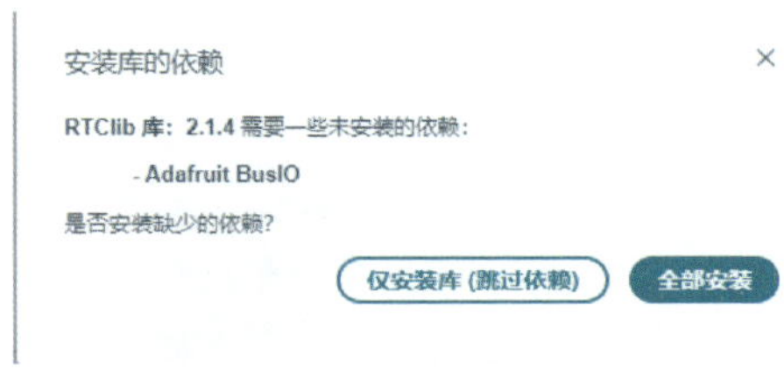

图4-18-8　安装依赖库

2. 安装 LCD 1602 库文件，如图 4-18-9。

3. 编写程序

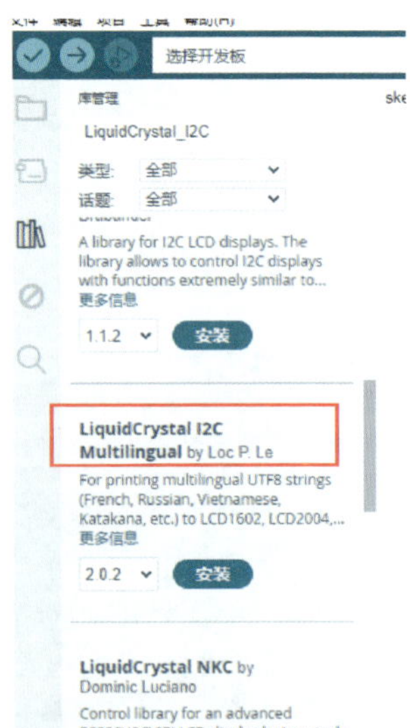

图4-18-9　安装库文件

```
#include <RTClib.h>   //调用库函数
RTC_DS3231 rtc;
DateTime now;
char daysOfTheWeek[7][12] = { "Sunday" "Monday" "Tuesday" "Wednesday" "Thursday" "Friday" "Saturday" };
#include <LCDI2C_Multilingual.h>
LCDI2C_Generic lcd(0x27, 16, 2);
 #include <Wire.h>   //调用 I²C 库文件
#include <Adafruit_GFX.h>
#include <Adafruit_SSD1306.h>
#define SCREEN_WIDTH 128    // OLED 屏幕宽度
#define SCREEN_HEIGHT 64    // OLED 屏幕高度
#define OLED_ADDRESS 0x3C   // OLED-I²C 地址
Adafruit_SSD1306 display(SCREEN_WIDTH, SCREEN_HEIGHT, &Wire, OLED_ADDRESS);

void setup(  )
{
  lcd.init(  );
  lcd.backlight(  );
```

```
  Serial.begin(9600);  // 设置波特率
  rtc.begin( );        // 启动 RTC
  // 电脑时间作为初始值
  // 上传该代码后，需要重新注释掉以下代码并重新上传代码
  //rtc.adjust(DateTime(F(__DATE__), F(__TIME__)));  // 按照电脑时间作为初始值
  // 手动配置时间作为初始值
  // 以下手动配置时间初始值
  // 上传该代码后，需要重新注释掉以下代码并重新上传代码
  //rtc.adjust(DateTime(2024, 7, 7, 18, 23, 0)); // 设置初始值。年月日时分秒
  lcd.print("Welcome to      ");
  lcd.setCursor(0, 1);  // 光标移动到第 2 行的第 1 个字符
  lcd.print("      fsm studio");
  delay(3000);
  lcd.clear( );  // 清屏
  Wire.begin( );  // 启动 I2C 通信
  // 初始化 OLED
  if (!display.begin(SSD1306_SWITCHCAPVCC, OLED_ADDRESS)) {
    Serial.println(F("SSD1306 初始化失败 "));
    for (;;)
      ;
  }
  display.setTextSize(2);  // 设置字体大小
}
void loop( )
{
  now = rtc.now( );  // 获取时间与日期
  Serial.print(now.year( ), DEC);  // 打印年份
  Serial.print('/');
  Serial.print(now.month( ), DEC);  // 打印月份
  Serial.print('/');
  Serial.println(now.day( ), DEC);  // 打印日期
  Serial.println(daysOfTheWeek[now.dayOfTheWeek( )]);  // 打印星期
  Serial.print(now.hour( ), DEC);  // 打印小时
  Serial.print(':');
  Serial.print(now.minute( ), DEC);  // 打印分钟
  Serial.print(':');
  Serial.println(now.second( ), DEC);  // 打印秒
  Serial.print(" 温度 :");
  Serial.print(rtc.getTemperature( ));  // 打印温度值
  Serial.println("℃ ");                 // 打印温度符号
  Serial.println( );                     // 打印空行

  lcd.setCursor(0, 0);  // 光标移动到第 1 行的第 1 个字符开始显示
```

```
lcd.print("Date ");    //显示"实时"
//lcd.setCursor(0, 1);// 光标移动到第 2 行的第 1 个字符
lcd.print(now.year( ), DEC);  //打印年份
lcd.print('/');
lcd.print(now.month( ), DEC);  //打印月份
lcd.print('/');
lcd.println(now.day( ), DEC);  //打印日期

lcd.setCursor(0, 1);
lcd.print(now.hour( ), DEC);  //打印小时
lcd.print(':');
lcd.print(now.minute( ), DEC);  //打印分钟
lcd.print(':');
lcd.print(now.second( ), DEC);  //打印秒

lcd.setCursor(9, 1);  //光标移动到第 2 行的第 1 个字符
lcd.print("T:");
lcd.print(rtc.getTemperature( ));  //LCD 显示温度数值

display.setCursor(2, 30);                    //设置显示位置
display.setTextColor(SSD1306_WHITE);         //设置字体颜色为白色
//display.println("Welcome to learn Arduino");  //显示内容
display.print(now.hour( ), DEC);  //打印小时
display.print(':');
display.print(now.minute( ), DEC);  //打印分钟
display.print(':');
display.print(now.second( ), DEC);  //打印秒

display.display( );        //开显示
display.clearDisplay( );  //清屏
delay(1000);
lcd.clear( );  //清屏
}
```

串口输出，如图 4-18-10。

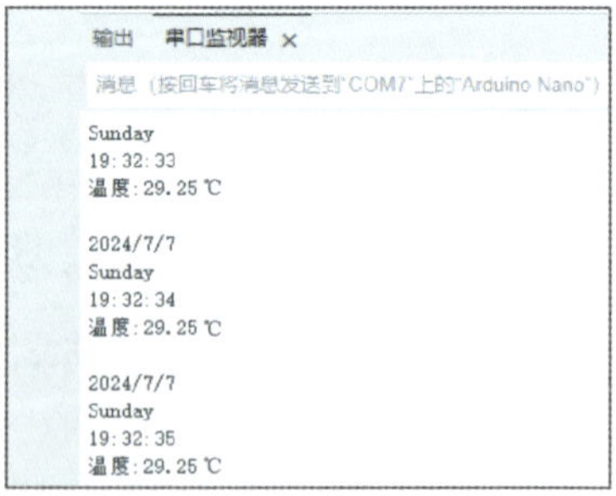

图4-18-10 串口输出

项目19 舵机智能控制探索

舵机适用于需要角度不断变化并可以保持的控制系统。目前，在飞机、潜艇模型、遥控机器人中已经得到了普遍应用。本舵机最大转动角度范围是0°～180°，舵机内部包括电机、控制电路、机械结构等，每个角度转换需要一定

的时间（注意：在程序中需要短暂延时）。见图 4-19-1。

扫码看视频讲解

图4-19-1　完成效果图

· 实现效果

舵机旋转到 0° 位置，2s 后转到 90° 位置，再过 2s 后转到 180° 位置，分别对应红、黄、绿 LED 点亮，周而复始。

· 工作原理

舵机是一个能够精确控制位置（也就是角度）的设备。当你用 Arduino 给它发送信号时，它会根据信号来转动到指定的角度。信号是一个周期为 20ms 的方波脉冲信号，脉冲宽度在 0.5～2.5ms 之间变化，对应舵机的旋转角度为 0°～180°。

· 所需器材

见表 4-19-1。

表 4-19-1　所需器材一览表

序号	名称	规格	数量
1	舵机	SG90	1
2	红绿灯模块	—	1

舵机引出线棕色连接 GND，红色连接 VCC，橙色连接信号 S，如图 4-19-2。

· 电路图

如图 4-19-3。

图4-19-2　舵机

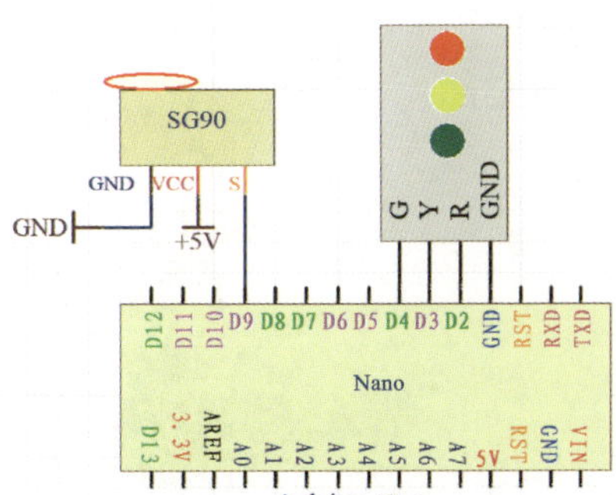

图4-19-3　电路图

• 硬件连接

见表 4-19-2、表 4-19-3。

表 4-19-2　Arduino Nano与舵机连接

序号	Arduino Nano	功能	舵机	功能
1	GND	负极	GND	负极
2	5V	电源	VCC	电源
3	D9	数字引脚	信号	控制引脚

表 4-19-3　Arduino Nano与红绿灯模块连接

序号	Arduino Nano	功能	红绿灯模块	功能
1	D2	数字接口	R	红色LED
2	D3	数字接口	Y	黄色LED
3	D4	数字接口	G	绿色LED
4	GND	数字接口	GND	负极

• 器材布局

如图 4-19-4。

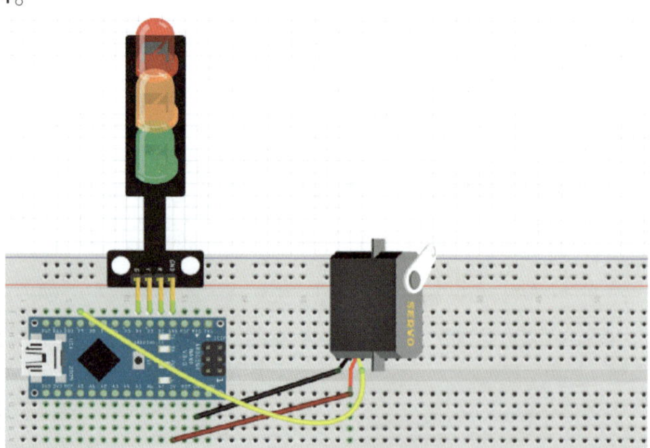

图4-19-4　布局示意图

• 实物布局

如图 4-19-5。

图4-19-5　实物布局图

· 程序编写

```
#include <Servo.h>// 舵机库文件
Servo myservo; // 创建控制电机的对象
void setup( )
{
  for(int i=2;i<5;i++)
  {
  pinMode(i,OUTPUT);
  digitalWrite(i, LOW);// 初始化 3 个 LED 都处于熄灭状态
  }
  myservo.attach(9);// 引脚 9 控制舵机
}
void loop( )
{
  myservo.write(0);// 舵机转动到 0° 的位置
  digitalWrite(2, HIGH);
  digitalWrite(3, LOW);
  digitalWrite(4, LOW);
  delay(2000);// 延时
  myservo.write(90);// 舵机转动到 90° 的位置
  digitalWrite(2, LOW);
  digitalWrite(3, HIGH);
  digitalWrite(4, LOW);
  delay(2000);// 延时
  myservo.write(180);// 舵机转动到 180° 的位置
  digitalWrite(2, LOW);
  digitalWrite(3, LOW);
  digitalWrite(4, HIGH);
  delay(2000);// 延时
}
```

项目20　智能停车场

本项目为综合实验，采用舵机作为抬杆机械部分，超声波模块用于检测车辆，OLED 进行车位余量显示。系统能够自动感应车辆的到来，并控制闸杆抬起，以便车辆进入停车场。见图 4-20-1。

· 实现效果

当车辆进入停车场闸杆前，能自动感应车辆，如停车场有空余车位，闸杆抬

起（红色 LED 点亮），3s 后，闸杆落下（黄色 LED 点亮），车辆进入车库后，程序负责计算空余车位数量，并通过 OLED 显示屏实时显示当前的空余车位数量。

扫码看视频讲解

图4-20-1　完成效果图

当车位没有空余时，车辆行进到闸杆前，闸杆不进行抬起动作（红色 LED 间隔 0.5s 闪烁），同时 OLED 显示“stop”进行提示。有兴趣的同学，在此基础上设计车辆出库相关显示与控制。

· 工作原理

超声波模块不间断监测进入车辆并精确控制舵机转动。当无空闲车位时，Arduino 程序会立即在 OLED 显示屏上清晰提示，同时禁止舵机抬杆动作。

· 所需器材

见表 4-20-1。

表 4-20-1　所需器材一览表

序号	名称	规格	数量	序号	名称	规格	数量
1	OLED	0.96in	1	3	红绿灯模块	—	1
2	舵机	SG90	1	4	超声波模块	HC-SR04	1

· 电路图

如图 4-20-2。

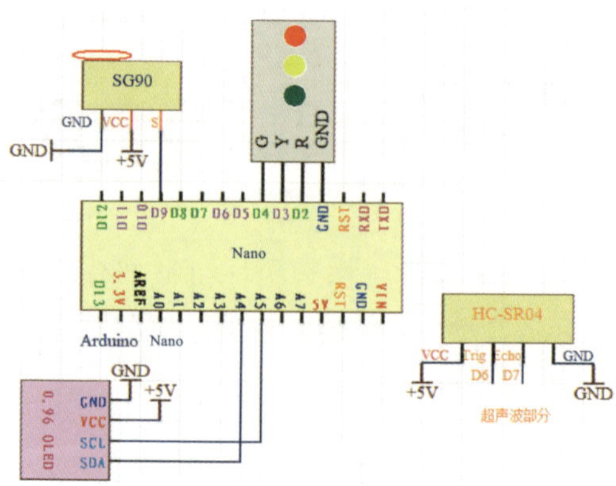

图4-20-2　电路图

• 硬件连接

见表 4-20-2～表 4-20-4。

表 4-20-2　Arduino Nano 与 OLED 连接

序号	Arduino Nano	功能	OLED	功能
1	GND	负极	GND	负极
2	5V	电源	VCC	电源
3	A5	SCL	SCL	时钟引脚
4	A4	SDA	SDA	数据引脚

表 4-20-3　Arduino Nano 与 HC-SR04 连接

序号	Arduino Nano	功能	HC-SR04	功能
1	GND	负极	GND	负极
2	5V	电源	VCC	电源
3	D6	数字接口	T	触发
4	D7	数字接口	E	反馈

表 4-20-4　Arduino 与红绿灯模块连接

序号	Arduino Nano	功能	红绿灯模块	功能
1	D2	数字接口	R	红色LED
2	D3	数字接口	Y	黄色LED
3	D4	数字接口	G	绿色LED
4	GND	数字接口	GND	负极

• 器材布局

如图 4-20-3。

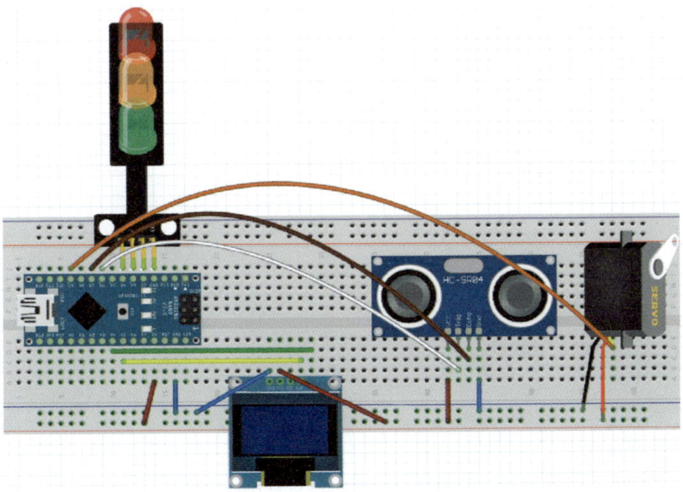

图4-20-3　布局示意图

• 实物布局

如图 4-20-4。

图4-20-4　实物布局图

• 程序编写

```
#include <Servo.h>   //舵机库文件
Servo myservo;        //创建控制电机的对象
#include <Wire.h>   //调用 I²C 库文件
#include <Adafruit_GFX.h>
#include <Adafruit_SSD1306.h>
#define SCREEN_WIDTH 128    // OLED 屏幕宽度
#define SCREEN_HEIGHT 64    // OLED 屏幕高度
#define OLED_ADDRESS 0x3C   // OLED-I²C 地址
Adafruit_SSD1306 display(SCREEN_WIDTH, SCREEN_HEIGHT, &Wire, OLED_ADDRESS);

int trig = 6;   // 触发
int echo = 7;   // 反馈
int num = 2;
void setup(  ) {
  for (int i= 2; i<5; i++)
{
    pinMode(i, OUTPUT);
    digitalWrite(i, LOW);  // 初始化三个 LED 都处于熄灭状态
  }
  myservo.attach(9);  // 引脚 9 控制舵机

  pinMode(echo, INPUT);
  pinMode(trig, OUTPUT);
  Serial.begin(9600);
  Wire.begin(  );  // 启动 I²C 通信
  // 初始化 OLED
  if (!display.begin(SSD1306_SWITCHCAPVCC, OLED_ADDRESS))
{
```

```
    Serial.println(F("SSD1306 初始化失败 "));
    for (;;)
      ;
    }
  display.clearDisplay( );  // 清屏
}
void loop( )
{
  digitalWrite(trig, LOW);          // 低电平
  delayMicroseconds(10);             // 延时 10μs
  digitalWrite(trig, HIGH);         // 高电平
  delayMicroseconds(10);             // 延时 10 μs
  digitalWrite(trig, LOW);          // 低电平
  delayMicroseconds(10);             // 延时 10 μs
  long t = pulseIn(echo, HIGH);  // 自带函数采样反馈的高电平的宽度，单位 μs
  float S = t * 0.017;              // 使用浮点计算出距离，单位 cm
  Serial.print(" 超声波测距：");
  Serial.print(S);  // 通过串口输出距离数值
  Serial.println(" cm");

  if (num < 1)
{
    num = 0;
    display.setTextSize(4);
    display.setCursor(20, 20);                  // 设置显示位置
    display.setTextColor(SSD1306_WHITE);  // 设置字体颜色为白色
    display.println("stop");
    display.display( );  // 开显示
    //display.clearDisplay( );  // 清屏
    myservo.write(90);
    digitalWrite(3, LOW);// 黄色 LED 熄灭
    digitalWrite(2, HIGH);
    delay(500);
    digitalWrite(2, LOW);
    delay(500);
  }
  if (num>0)
  {
    display.setCursor(40, 10);                  // 设置显示位置
    display.setTextColor(SSD1306_WHITE);  // 设置字体颜色为白色
    display.println(num);
    display.display( );            // 开显示
    display.clearDisplay( );    // 清屏
```

```
        if ((S > 1) && (S < 10))   //当距离大于 1 并且小于 10cm 时
        {
          myservo.write(0);   // 舵机转动到 0° 的位置
          digitalWrite(2, HIGH);
          digitalWrite(3, LOW);
          delay(3000);
          myservo.write(90);   // 舵机转动到 90° 的位置
          digitalWrite(2, LOW);
          digitalWrite(3, HIGH);
          num--;
        }
      }
      S = 0;   // 清零
      t = 0;   // 清零
      Serial.println(num);
      delay(100);
    }
```

项目21 OLED显示汉字以及图片

经过前面学习，我们掌握了如何在 OLED 显示字符，那么如何在 OLED 显示汉字以及图片呢？ OLED 显示汉字或者图片的过程比显示字符更复杂，因为它们是由更复杂的点阵组成的。见图 4-21-1。

扫码看视频讲解

图4-21-1 完成效果图

• 实现效果

通电后，OLED 显示屏首先显示“樊胜民工作室”字样。随后会自动切换至小灯泡与电池图片，两者轮流在屏幕上显示。

• 工作原理

汉字在 OLED 屏幕上显示需要使用汉字取模软件（如 PCtoLCD2002）将其转换为相应的编码。

使用图片转换软件将图片转换为适合 OLED 屏幕显示的格式（BMP）。注意调整图片的分辨率以适应 OLED 屏幕。

• 所需器材

见表 4-21-1。

表 4-21-1　所需器材一览表

序号	名称	规格	数量
1	OLED	0.96in	1

• 电路图

如图 4-21-2。

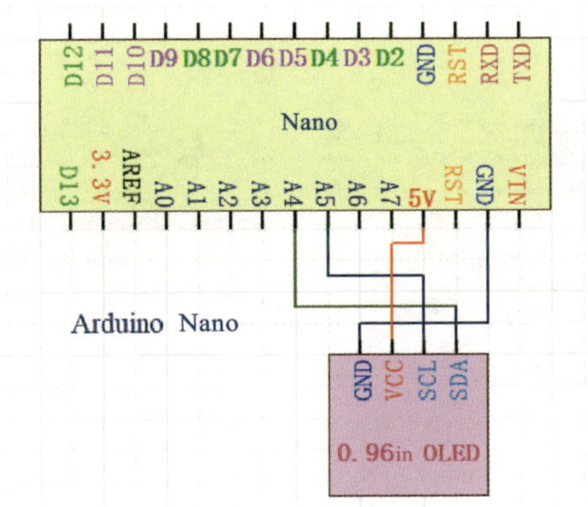

图4-21-2　电路图

• 硬件连接

见表 4-21-2。

表 4-21-2　Arduino Nano 与 OLED 连接

序号	Arduino Nano	功能	OLED	功能
1	GND	负极	GND	负极
2	5V	电源	VCC	电源
3	A5	SCL	SCL	时钟引脚
4	A4	SDA	SDA	数据引脚

• 器材布局

如图 4-21-3。

图4-21-3　布局示意图

· 实物布局

如图 4-21-4。

图4-21-4　实物布局图

· 程序编写

```
#include <Wire.h>   // 调用 I2C 库文件
#include <Adafruit_GFX.h>
#include <Adafruit_SSD1306.h>
#define SCREEN_WIDTH 128    // OLED 屏幕宽度
#define SCREEN_HEIGHT 64    // OLED 屏幕高度
#define OLED_RESET      -1   //
#define OLED_ADDRESS 0x3C   // OLED-I2C 地址
Adafruit_SSD1306 display(SCREEN_WIDTH, SCREEN_HEIGHT, &Wire, OLED_RESET);

static const unsigned char PROGMEM fan[  ] = {      //" 樊 "
  0x24,0x48,0x22,0x88,0xF9,0x3E,0x22,0x88,0x64,0x58,0x72,0x9C,0xA9,0x2A,0x22,0x88,
  0x25,0x48,0x01,0x00,0xFF,0xFE,0x02,0x80,0x04,0x40,0x08,0x20,0x30,0x18,0xC0,0x06,
};
static const unsigned char PROGMEM sheng[  ] = {   //" 胜 "
```

```
  0x00,0x20,0x78,0x20,0x49,0x20,0x49,0x20,0x49,0xFC,0x79,0x20,0x4A,0x20,0x48,0x20,
  0x48,0x20,0x79,0xFC,0x48,0x20,0x48,0x20,0x48,0x20,0x48,0x20,0x4B,0xFE,0x98,0x00,
};
static const unsigned char PROGMEM min[ ] = {    //" 民 "
  0x00,0x00,0x3F,0xF8,0x20,0x08,0x20,0x08,0x20,0x08,0x3F,0xF8,0x20,0x80,0x20,0x80,
  0x3F,0xFC,0x20,0x80,0x20,0x40,0x20,0x40,0x24,0x24,0x28,0x14,0x30,0x0C,0x20,0x04,
};
static const unsigned char PROGMEM gong[ ] = { //" 工 "
  0x00,0x00,0x00,0x00,0x7F,0xFC,0x01,0x00,0x01,0x00,0x01,0x00,0x01,0x00,0x01,0x00,
  0x01,0x00,0x01,0x00,0x01,0x00,0x01,0x00,0x01,0x00,0xFF,0xFE,0x00,0x00,0x00,0x00,
};
static const unsigned char PROGMEM zuo[ ] = { //" 作 "
  0x09,0x00,0x09,0x00,0x09,0x00,0x11,0xFE,0x12,0x80,0x32,0x80,0x34,0x80,0x50,0xF8,
  0x90,0x80,0x10,0x80,0x10,0x80,0x10,0xFC,0x10,0x80,0x10,0x80,0x10,0x80,0x10,0x80,
};
static const unsigned char PROGMEM shi[ ] = { //" 室 "
  0x02,0x00,0x01,0x00,0x7F,0xFE,0x40,0x02,0x80,0x04,0x3F,0xF8,0x04,0x00,0x08,0x20,
  0x1F,0xF0,0x01,0x10,0x01,0x00,0x3F,0xF8,0x01,0x00,0x01,0x00,0xFF,0xFE,0x00,0x00,
};
static const unsigned char PROGMEM dengpao[ ] = { // 小灯泡图片
0x00,0x00,0x00,0x00,0x00,0x00,0x00,0x00,0x00,0x00,0x00,0x00,0x00,0x00,0x00,0x00,
0x00,0x00,0x00,0x00,0x00,0x00,0x00,0x00,0x00,0x00,0x00,0x00,0x00,0x00,0x00,0x00,
0x00,0x00,0x00,0x00,0x00,0x00,0x00,0x00,0x00,0x00,0x00,0x00,0x00,0x00,0x00,0x00,
0x00,0x00,0x00,0x00,0x00,0x00,0x00,0x00,0x00,0x00,0x00,0x00,0x00,0x00,0x00,0x00,
0x00,0x00,0x00,0x00,0x00,0x00,0x00,0x00,0x00,0x00,0x00,0x00,0x00,0x00,0x00,0x00,
0x00,0x00,0x00,0x00,0x00,0x00,0x00,0x00,0x00,0x00,0x00,0x00,0x00,0x00,0x00,0x00,
0x00,0x00,0x00,0x02,0x00,0x00,0x00,0x00,0x00,0x00,0x00,0x02,0x00,0x00,0x00,0x00,
0x00,0x00,0x02,0x02,0x04,0x00,0x00,0x00,0x00,0x00,0x00,0x00,0x00,0x00,0x00,0x00,
0x00,0x00,0x01,0x00,0x08,0x00,0x00,0x00,0x00,0x00,0x00,0x0F,0x00,0x00,0x00,0x00,
0x00,0x00,0x00,0x20,0x40,0x00,0x00,0x00,0x00,0x00,0x00,0x80,0x10,0x00,0x00,0x00,
0x00,0x00,0x21,0x00,0x08,0x40,0x00,0x00,0x00,0x00,0x02,0x00,0x04,0x80,0x00,0x00,
0x00,0x00,0x02,0x00,0x04,0x00,0x00,0x00,0x00,0x00,0x00,0x00,0x00,0x00,0x00,0x00,
0x00,0x00,0x04,0x00,0x02,0x00,0x00,0x00,0x00,0x00,0x04,0x00,0x02,0x00,0x00,0x00,
0x00,0x00,0x24,0x00,0x02,0x40,0x00,0x00,0x00,0x00,0x04,0x00,0x02,0x00,0x00,0x00,
0x00,0x00,0x00,0x00,0x00,0x00,0x00,0x00,0x00,0x00,0x02,0x02,0x04,0x00,0x00,0x00,
0x00,0x00,0x02,0x15,0x84,0x00,0x00,0x00,0x00,0x00,0x01,0x10,0x88,0x00,0x00,0x00,
0x00,0x00,0x08,0x90,0x91,0x00,0x00,0x00,0x00,0x00,0x10,0x00,0x00,0x80,0x00,0x00,
0x00,0x00,0x00,0x40,0x20,0x00,0x00,0x00,0x00,0x00,0x00,0x09,0x00,0x00,0x00,0x00,
0x00,0x00,0x00,0x09,0x00,0x00,0x00,0x00,0x00,0x00,0x00,0x29,0x40,0x00,0x00,0x00,
0x00,0x00,0x00,0x10,0x80,0x00,0x00,0x00,0x00,0x00,0x00,0x20,0x40,0x00,0x00,0x00,
0x00,0x00,0x00,0x20,0x40,0x00,0x00,0x00,0x00,0x00,0x00,0x1F,0x80,0x00,0x00,0x00,
0x00,0x00,0x00,0x20,0x40,0x00,0x00,0x00,0x00,0x00,0x00,0x10,0x80,0x00,0x00,0x00,
0x00,0x00,0x00,0x09,0x00,0x00,0x00,0x00,0x00,0x00,0x00,0x02,0x00,0x00,0x00,0x00,
0x00,0x00,0x00,0x00,0x00,0x00,0x00,0x00,0x00,0x00,0x00,0x00,0x00,0x00,0x00,0x00,
```

```
0x00,0x00,0x00,0x00,0x00,0x00,0x00,0x00,0x00,0x00,0x00,0x00,0x00,0x00,0x00,0x00,
0x00,0x00,0x00,0x00,0x00,0x00,0x00,0x00,0x00,0x00,0x00,0x00,0x00,0x00,0x00,0x00,
0x00,0x00,0x00,0x00,0x00,0x00,0x00,0x00,0x00,0x00,0x00,0x00,0x00,0x00,0x00,0x00,
};
static const unsigned char PROGMEM dianchi[] = { // 电池图片

0x00,0x00,0x00,0x00,0x00,0x00,0x00,0x00,0x00,0x00,0x00,0x00,0x00,0x00,0x00,0x00,
0x00,0x00,0x00,0x00,0x00,0x00,0x00,0x00,0x00,0x00,0x00,0x00,0x00,0x00,0x00,0x00,
0x00,0x00,0x00,0x00,0x00,0x00,0x00,0x00,0x00,0x00,0x00,0x00,0x00,0x00,0x00,0x00,
0x00,0x00,0x00,0x00,0x00,0x00,0x00,0x00,0x00,0x00,0x00,0x00,0x00,0x00,0x00,0x00,
0x00,0x00,0x00,0x00,0x00,0x00,0x00,0x00,0x00,0x00,0x00,0x00,0x00,0x00,0x00,0x00,
0x00,0x00,0x00,0x00,0x00,0x00,0x00,0x00,0x00,0x00,0x00,0x00,0x00,0x00,0x00,0x00,
0x00,0x00,0x00,0x00,0x00,0x00,0x00,0x00,0x00,0x00,0x00,0x00,0x00,0x00,0x00,0x00,
0x00,0x00,0x00,0x80,0x00,0x00,0x00,0x00,0x00,0x00,0x00,0x00,0x00,0x07,0x70,0x00,
0x00,0x00,0x00,0x00,0x00,0x00,0x00,0x00,0xFF,0xFF,0x00,0x00,0x00,0x00,0x00,0x00,
0x00,0x00,0x07,0x00,0x80,0xC0,0x00,0x00,0x00,0x00,0x00,0x00,0x00,0x04,0x04,0x10,
0x60,0x00,0x00,0x00,0x00,0x00,0x00,0x00,0x07,0x81,0xC3,0xE0,0x00,0x00,0x00,0x00,
0x00,0x00,0x00,0x04,0x7F,0xFC,0x20,0x00,0x00,0x00,0x00,0x00,0x00,0x00,0x04,0x00,
0x00,0x20,0x00,0x00,0x00,0x00,0x00,0x00,0x00,0x04,0x00,0x00,0x20,0xA0,0x00,0x00,
0x00,0x00,0x00,0x00,0x04,0x00,0x00,0x20,0xD8,0x00,0x00,0x00,0x00,0x00,0x00,0x04,
0x00,0x00,0x20,0x60,0x00,0x00,0x00,0x00,0x00,0x00,0x04,0x20,0x04,0x20,0x7C,0x00,
0x00,0x00,0x00,0x00,0x00,0x04,0x50,0x0A,0x20,0x5E,0x00,0x00,0x00,0x00,0x00,0x00,
0x04,0x50,0x0A,0x20,0x80,0x00,0x00,0x00,0x00,0x00,0x00,0x04,0x50,0x0A,0x20,0x80,
0x00,0x00,0x00,0x00,0x00,0x00,0x04,0x20,0x0C,0x21,0x00,0x00,0x00,0x00,0x00,0x00,
0x00,0x04,0x00,0x00,0x22,0x00,0x00,0x00,0x00,0x00,0x00,0x00,0x0C,0x00,0x00,0x3C,
0x00,0x00,0x00,0x00,0x00,0x00,0x00,0xE4,0x10,0x08,0x20,0x00,0x00,0x00,0x00,0x00,
0x00,0x03,0x04,0x0E,0x30,0x20,0x00,0x00,0x00,0x00,0x00,0x00,0x04,0x04,0x01,0xC0,
0x20,0x00,0x00,0x00,0x00,0x00,0x00,0x08,0x04,0x00,0x00,0x20,0x00,0x00,0x00,0x00,
0x00,0x00,0x08,0x07,0xC0,0x01,0xE0,0x00,0x00,0x00,0x00,0x00,0x00,0x08,0x04,0x0F,
0xF8,0x20,0x00,0x00,0x00,0x00,0x00,0x00,0x04,0x04,0x00,0x00,0x20,0x00,0x00,0x00,
0x00,0x00,0x00,0x02,0x00,0x03,0x00,0x20,0x00,0x00,0x00,0x00,0x00,0x00,0x01,0x80,
0x05,0x00,0x20,0x00,0x00,0x00,0x00,0x00,0x00,0x00,0x40,0x09,0x00,0x20,0x00,0x00,
0x00,0x00,0x00,0x00,0x00,0x18,0x08,0x80,0x20,0x00,0x00,0x00,0x00,0x00,0x00,0x00,
0x08,0x04,0x80,0x20,0x00,0x00,0x00,0x00,0x00,0x00,0x00,0x10,0x02,0x80,0x20,0x00,
0x00,0x00,0x00,0x00,0x00,0x00,0x10,0x02,0x40,0x20,0x00,0x00,0x00,0x00,0x00,0x00,
0x00,0x18,0x02,0x40,0x20,0x00,0x00,0x00,0x00,0x00,0x00,0x00,0x08,0x01,0x40,0x20,
0x00,0x00,0x00,0x00,0x00,0x00,0x00,0x00,0x00,0xC0,0x20,0x00,0x00,0x00,0x00,0x00,
0x00,0x00,0x00,0x00,0xA0,0x20,0x00,0x00,0x00,0x00,0x00,0x00,0x00,0x00,0x00,0xE0,
0x20,0x00,0x00,0x00,0x00,0x00,0x00,0x00,0x00,0x00,0x70,0x20,0x00,0x00,0x00,0x00,
0x00,0x00,0x00,0x00,0x00,0x10,0x20,0x00,0x00,0x00,0x00,0x00,0x00,0x00,0x00,0x00,
0x08,0x20,0x00,0x00,0x00,0x00,0x00,0x00,0x00,0x00,0x00,0x00,0x20,0x00,0x00,0x00,
0x00,0x00,0x00,0x00,0x00,0x00,0x00,0x20,0x00,0x00,0x00,0x00,0x00,0x00,0x00,0x00,
0xFC,0x3F,0x20,0x00,0x00,0x00,0x00,0x00,0x00,0x00,0x07,0x00,0x00,0xE0,0x00,0x00,
0x00,0x00,0x00,0x00,0x00,0x04,0x00,0x00,0x20,0x00,0x00,0x00,0x00,0x00,0x00,0x00,
```

```
0x04,0x00,0x00,0x20,0x00,0x00,0x00,0x00,0x00,0x00,0x00,0x03,0x00,0x00,0xC0,0x00,
0x00,0x00,0x00,0x00,0x00,0x00,0x00,0xFF,0xFF,0x00,0x00,0x00,0x00,0x00,0x00,0x00,
0x00,0x00,0x20,0x04,0x00,0x00,0x00,0x00,0x00,0x00,0x00,0x00,0x00,0x20,0x04,0x00,
0x00,0x00,0x00,0x00,0x00,0x00,0x00,0x00,0x20,0x04,0x00,0x00,0x00,0x00,0x00,0x00,
0x00,0x00,0x00,0x20,0x04,0x00,0x00,0x00,0x00,0x00,0x00,0x00,0x00,0x00,0x00,0x07,
0xE0,0x00,0x00,0x00,0x00,0x00,0x00,0x00,0x00,0x00,0x00,0x00,0x00,0x00,0x00,0x00,
};
void setup( )
  {
    Wire.begin( );  // 启动 I²C 通信
    // 初始化 OLED
if (!display.begin(SSD1306_SWITCHCAPVCC, OLED_ADDRESS))
 {
      Serial.println(F("SSD1306 初始化失败 "));
      for (;;)
        ;
    }
    display.clearDisplay( );  // 清屏
    //display.display( );
    display.setTextSize(1);  // 设置显示字体大小
    display.setTextColor(SSD1306_WHITE);            // 设置字体颜色为白色
    display.setCursor(30, 0);// 设置显示位置
    display.print("-Fsm Studio-");// 输出字符
    display.drawBitmap(16, 20, fan, 16, 16, SSD1306_WHITE);// 可将 SSD1306_WHITE 位置
写为 1
    display.drawBitmap(32, 20, sheng, 16, 16, SSD1306_WHITE);
    display.drawBitmap(48, 20, min, 16, 16, SSD1306_WHITE);
    display.drawBitmap(64, 20, gong, 16, 16, SSD1306_WHITE);
    display.drawBitmap(80, 20, zuo, 16, 16, SSD1306_WHITE);
    display.drawBitmap(96, 20, shi, 16, 16, SSD1306_WHITE);
    display.display( );        // 开显示
    delay(3000);
  }
void loop( )
{
   display.clearDisplay( );  // 清屏
   display.drawBitmap(0, 0, dengpao, 60, 54, SSD1306_WHITE);
   display.display( );
   delay(3000);
   display.clearDisplay( );  // 清屏
   display.drawBitmap(0, 0, dianchi, 85, 64, SSD1306_WHITE);
   display.display( );
   delay(3000);
}
```

・程序解析

display.drawBitmap(0，0，dianchi，85，64，SSD1306_WHITE);

.drawBitmap（ ）：这是 OLED 显示对象的一个方法，用于在屏幕上绘制一个位图。

0，0：这两个参数指定了位图在屏幕上的起始位置。

dianchi：这个参数是位图变量名。

85，64：这两个参数指定了位图的宽度和高度（像素）。

SSD1306_WHITE：这个参数指定了绘制位图时使用的颜色。

OLED 显示汉字与图片需要使用取模软件生成字模。本项目采用 PCtoLCD2002 取模软件。

✧ 显示汉字

① 点击「模式」，选择「字符模式」。

② 按照以下进行设置，如图 4-21-5。

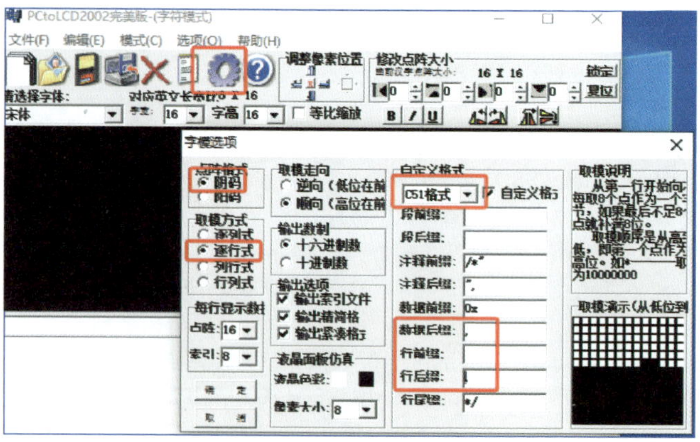

图4-21-5　软件设置

③ OLED 显示屏显示“樊胜民工作室”，输入相应汉字，再点击“生成字模”复制相关代码。如图 4-21-6。

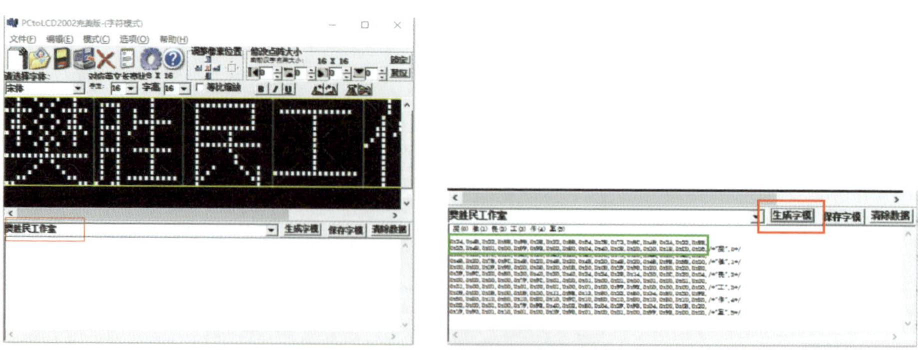

图4-21-6　生成字模与代码

示例：

```
static const unsigned char PROGMEM fan[] = {
  0x24,0x48,0x22,0x88,0xF9,0x3E,0x22,0x88,0x64,0x58,0x72,0x9C,0xA9,0x2A,0x22,0x88,
  0x25,0x48,0x01,0x00,0xFF,0xFE,0x02,0x80,0x04,0x40,0x08,0x20,0x30,0x18,0xC0,0x06,
};// 调用相应位图函数
display.drawBitmap(0, 0, fan, 16, 16, SSD1306_WHITE);// 在显示屏（0,0）位置显示 16×16 大小的汉字（樊）
```

✧ 显示图像

如图 4-21-7 为小灯泡与电池简笔画。

将以上简笔画通过电脑绘图软件转换为 .bmp 格式，调整像素在 128×64 范围内，如图 4-21-8 所示。

图4-21-7　简笔画

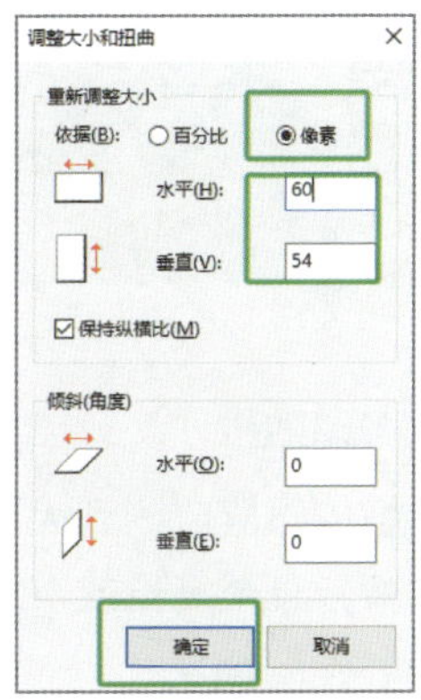

图4-21-8　设置图片参数

打开文件相应图片，生成字模，复制在程序中使用即可。如图 4-21-9。

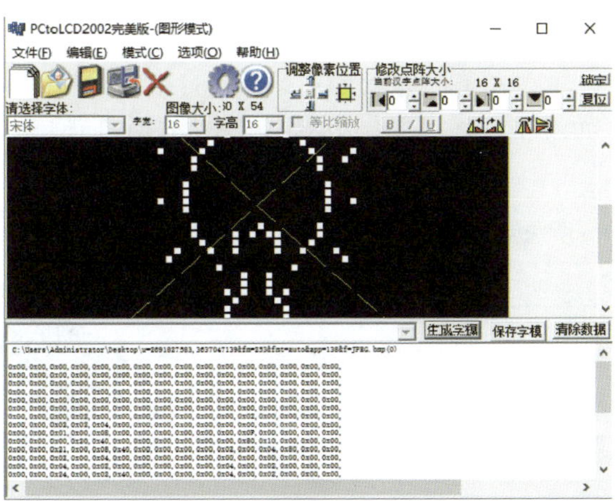

图4-21-9　图片生成字模

项目22 火焰报警器

火焰传感器主要用于火灾预警系统，它能够精准地检测火焰释放的红外辐射，一旦发现火焰，立即触发报警系统。见图 4-22-1。

扫码看视频讲解

图4-22-1 完成效果图

· 实现效果

火焰传感器监测到火源，蜂鸣器立刻报警，同时 LED 灯锁定闪烁，表明曾检测到火情，直至复位或重启后方解除，强化安全警示。

· 工作原理

火焰传感器能够探测环境中的火焰或特定波长（760～1100nm）的光源，一旦检测到的火焰强度超过预设阈值，其 OUT 引脚便会迅速响应，输出低电平信号。

· 所需器材

见表 4-22-1。

火焰传感器基于光学检测技术检测火焰，通过检测空气中的特定波长光线来感知火焰的存在。如图 4-22-2。火焰传感器引脚功能说明见表 4-22-2。

表 4-22-1 所需器材一览表

序号	名称	规格	数量
1	火焰传感器	—	1
2	电阻	220Ω	1
3	发光二极管	5mm	1
4	有源蜂鸣器	5V	1

图4-22-2 火焰传感器

表 4-22-2　火焰传感器引脚功能

A0	模拟量输出	OUT	数字量输出接口（0和1）
GND	负极	VCC	3.3～5V电压

· 电路图

如图 4-22-3。

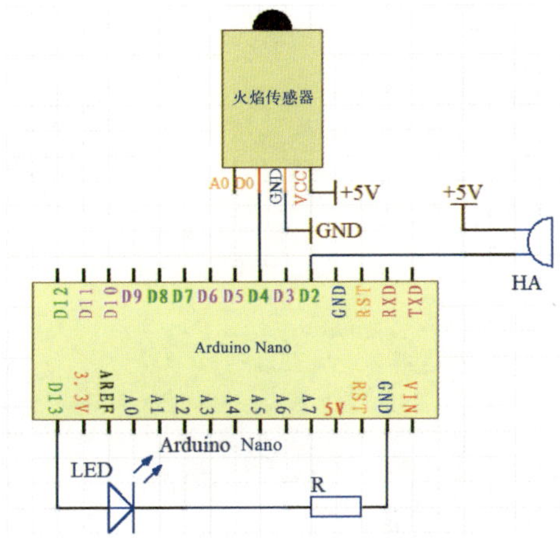

图4-22-3　电路图

· 硬件连接

见表 4-22-3、表 4-22-4。

表 4-22-3　Arduino Nano 与火焰传感器连接

序号	Arduino Nano	功能	火焰传感器	功能
1	GND	负极	GND	负极
2	5V	电源	VCC	电源
3	D4	数字引脚	DO	数字引脚

表 4-22-4　Arduino Nano 与有源蜂鸣器连接

序号	Arduino Nano	功能	有源蜂鸣器	功能
1	5V	电源	VCC	电源
2	D2	数字引脚	信号	控制引脚

· 器材布局

如图 4-22-4。

· 实物布局

如图 4-22-5。

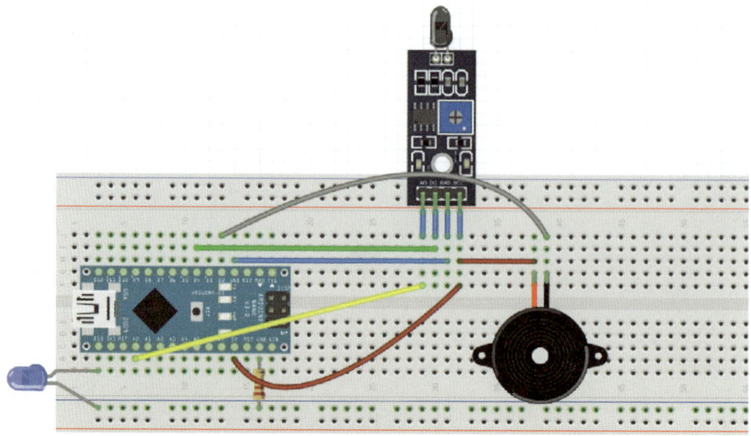

图4-22-4 布局示意图

图4-22-5 实物布局图

· 程序编写

```
int huoyan = 4;
int fmq = 2;
int flag ;
void setup( )
 {
  Serial.begin(9600);  // 串口初始化
  pinMode(4, INPUT_PULLUP);//INPUT_PULLUP
  pinMode(2, OUTPUT);
  pinMode(13, OUTPUT);
  digitalWrite(fmq, HIGH);// 初始化蜂鸣器不发声
}
void loop( )
 {
    HY( );
}
void HY( )
{
  int b = digitalRead(huoyan);// 读取火焰传感器的数字引脚高低电平
```

```
  int c = analogRead(A0);// 读取火焰传感器的模拟信号值

  Serial.println(b);// 通过串口输出数字引脚电平
  Serial.println(c);// 通过串口输出模拟信号值
  delay(100);
  if (b == 0)
{
    digitalWrite(fmq, LOW);
    delay(100);
    digitalWrite(fmq, HIGH);
    delay(500);
     flag = 1;
  }
else
{
    digitalWrite(fmq, HIGH);
}
   if (flag == 1)
 {
    digitalWrite(13, LOW);
    delay(50);
    digitalWrite(13, HIGH);
    delay(10);
 }
}
```

项目23 智慧厨房

在 Arduino 智慧厨房系统中，火焰传感器、可燃气体传感器、有源蜂鸣器、OLED 显示屏等器材扮演着重要角色，确保厨房智能安全。见图 4-23-1。

图4-23-1　完成效果图

扫码看视频讲解

· 实现效果

OLED 显示屏实时展示当前的温度和湿度信息，让用户随时掌握环境变化。一旦火焰或可燃气体传感器捕捉到火焰或有害气体超标，蜂鸣器就会立即发出不同频率和音调的报警声，以区分不同类型的紧急情况。同时，OLED 显示屏会以醒目的方式显示报警信息。

· 工作原理

当火焰传感器或可燃气体传感器检测到异常（有火焰或有害气体超标）时，数字引脚 D0 输出低电平。程序检测到这一低电平时，将触发报警信号，并通过 OLED 屏显示警告信息，确保厨房环境安全。

· 所需器材

见表 4-23-1。

表 4-23-1　所需器材一览表

序号	名称	规格	数量
1	火焰传感器	—	1
2	温湿度传感器	DHT11	1
3	可燃气体传感器	MQ2	1
4	有源蜂鸣器	5V	1
5	OLED	0.96in	1

可燃气体传感器 MQ2 是一种用于检测多种可燃性气体的传感器。在智慧厨房中，MQ2 用于检测燃气泄漏安全隐患，一旦发现异常立即触发报警。如图 4-23-2。

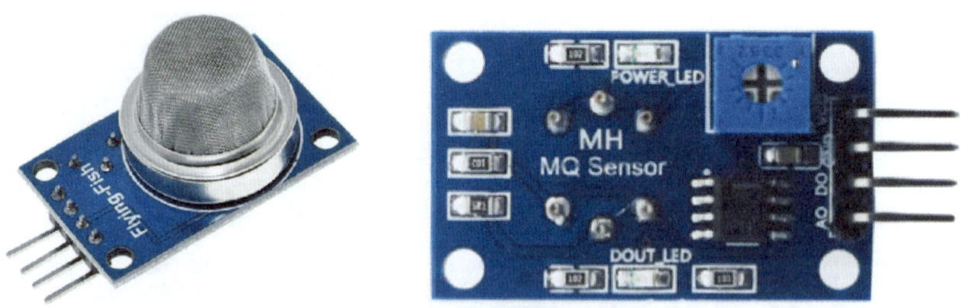

图4-23-2　可燃气体传感器MQ2

MQ2 引脚功能说明见表 4-23-2。

表 4-23-2　MQ2 引脚说明

A0	模拟量输出	OUT	数字量输出接口（0和1）
GND	负极	VCC	3.3～5V电压

· 电路图

如图 4-23-3。

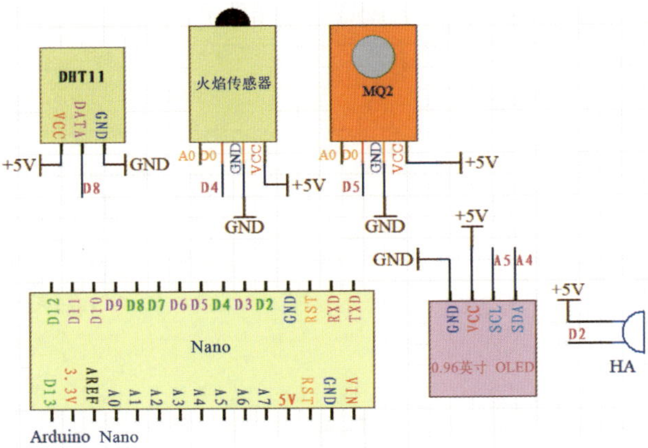

图4-23-3　电路图

· 硬件连接

见表 4-23-3～表 4-23-7。

表 4-23-3　Arduino Nano 与火焰传感器连接

序号	Arduino Nano	功能	火焰传感器	功能
1	GND	负极	GND	负极
2	5V	电源	VCC	电源
3	D4	数字引脚	D0	数字信号

表 4-23-4　Arduino Nano 与有源蜂鸣器连接

序号	Arduino Nano	功能	有源蜂鸣器	功能
1	5V	电源	VCC	电源
2	D2	数字引脚	信号	控制引脚

表 4-23-5　Arduino Nano 与 OLED 连接

序号	Arduino Nano	功能	OLED	功能
1	GND	负极	GND	负极
2	5V	电源	VCC	电源
3	A5	SCL	SCL	时钟引脚
4	A4	SDA	SDA	数据引脚

表 4-23-6　Arduino Nano 与 DHT11 连接

序号	Arduino Nano	功能	DHT11	功能
1	GND	负极	GND	负极
2	5V	电源	VCC	电源
3	D8	数字引脚	DATA(或者S)	信号引脚

表4-23-7 Arduino Nano与MQ2连接

序号	Arduino Nano	功能	MQ2	功能
1	GND	负极	GND	负极
2	5V	电源	VCC	电源
3	D5	数字引脚	信号	信号引脚

· 器材布局

如图 4-23-4。

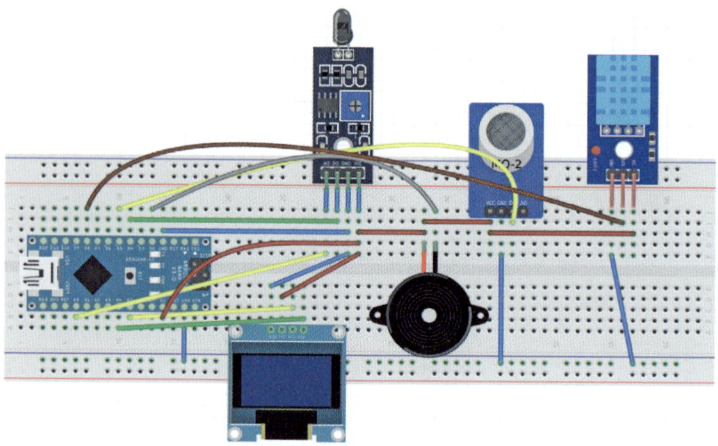

图4-23-4 布局示意图

· 实物布局

如图 4-23-5。

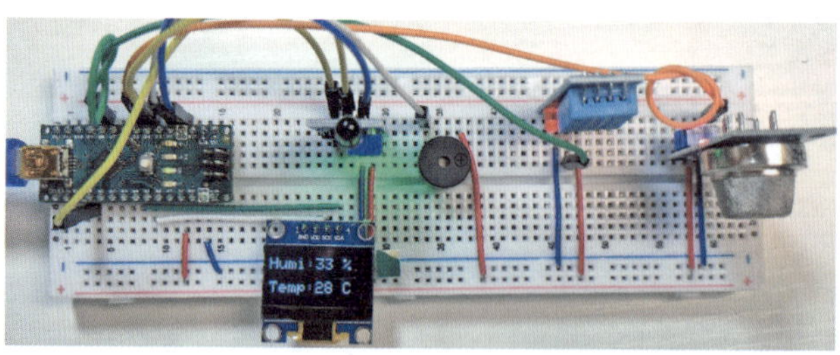

图4-23-5 实物布局图

· 程序编写

```
#include <Wire.h>   // 调用 I²C 库文件
#include <Adafruit_GFX.h>
#include <Adafruit_SSD1306.h>
#define SCREEN_WIDTH 128    // OLED 屏幕宽度
```

```
#define SCREEN_HEIGHT 64     // OLED 屏幕高度
#define OLED_ADDRESS 0x3C    // OLED-I²C 地址
Adafruit_SSD1306 display(SCREEN_WIDTH, SCREEN_HEIGHT, &Wire, OLED_ADDRESS);
#include <DHT11.h>    // 调用 DHT11 温湿传感器库文件
DHT11 dht11(8);       //DHT11 定义传感器数据 I/O 引脚
int MQ = 5;
int huoyan = 4;
int fmq = 2;

void setup( )
{
   Serial.begin(9600);   // 串口初始化
   Wire.begin( );             // 启动 I²C 通信
   pinMode(MQ, INPUT_PULLUP);
   pinMode(huoyan, INPUT_PULLUP);
   pinMode(fmq, OUTPUT);
   digitalWrite(fmq, HIGH);
   //// 初始化 OLED
   if (!display.begin(SSD1306_SWITCHCAPVCC, OLED_ADDRESS))
  {
      Serial.println(F("SSD1306 初始化失败 "));
      for (;;)
         ;
   }
   display.setTextSize(1);   // 设置字体大小
   display.setCursor(30, 10);              // 设置显示位置
   display.setTextColor(BLACK, WHITE);   // 设置字体黑色，字体背景白色
   display.println("Hello, OLED!");       // 显示内容
   display.setCursor(1, 30);                        // 设置显示位置
   display.setTextColor(SSD1306_WHITE);                 // 设置字体颜色为白色
   display.println("Welcome to learn Arduino");   // 显示内容
   display.display( );   // 开显示
   delay(2000);
   display.clearDisplay( );   // 清屏
}
void loop( )
{
   MQ2( );
   HY( );
   int h = dht11.readHumidity( );        // 读取湿度值，并赋值给 h
   int t = dht11.readTemperature( );   // 读取温度值，并赋值给 t
   // 读取 DHT11 传感器的温度和湿度值，并赋值给 result
   int result = dht11.readTemperatureHumidity(t, h);
   if (result == 0)
```

```
{
    Serial.print("Humidity:");  //串口打印湿度英文
    Serial.print(h);            //打印湿度值
    Serial.print("%");
    Serial.print("  Temperature:");  //串口打印温度英文
    Serial.print(t);                 //打印温度值
    Serial.println("℃ ");

    display.setTextSize(2);              //设置字体大小
    display.setCursor(0, 10);            //设置显示位置
    display.setTextColor(SSD1306_WHITE);  //设置字体黑色，字体背景白色
    display.print("Humi:");              //显示内容
    display.print(h);
    display.println(" %");

    display.setTextSize(2);   //设置字体大小，如无变化，本条语句可以删除
    display.setCursor(0, 40);            //设置显示位置
    display.setTextColor(SSD1306_WHITE);  //设置字体黑色，字体背景白色
    display.print("Temp:");              //显示内容
    display.print(t);
    display.println(" C");

    display.display( );  //开显示
    display.clearDisplay( );
    delay(1000);  //延时给传感器预留充分时间
  }
  //打印错误信息
  else
{
    Serial.println(DHT11::getErrorString(h));
  }
}
void MQ2( )
{
  int a = digitalRead(MQ);
  if (a == 0)
  {
    digitalWrite(fmq, LOW);
    delay(800);
    digitalWrite(fmq, HIGH);
    delay(200);

    display.clearDisplay( );
```

```
    display.setTextSize(2);                  //设置字体大小
    display.setCursor(0, 10);                //设置显示位置
    display.setTextColor(SSD1306_WHITE);  //设置字体黑色，字体背景白色
    display.print("MQ2 alarm!");          //显示内容
    display.display( );
    delay(500);
    display.clearDisplay( );
  }
  else
  {
    digitalWrite(fmq, HIGH);
  }
}
void HY( )
{
  int b = digitalRead(huoyan);
  if (b == 0)
{
    digitalWrite(fmq, LOW);

    display.clearDisplay( );
    display.setTextSize(2);                  //设置字体大小
    display.setCursor(0, 30);                //设置显示位置
    display.setTextColor(SSD1306_WHITE);  //设置字体黑色，字体背景白色
    display.print("HY alarm!");           //显示内容
    display.display( );
    delay(500);
    display.clearDisplay( );
  }
else
{
    digitalWrite(fmq, HIGH);
   }
}
```

项目24 人体感应自动开关灯

人体红外感应电子模块广泛应用于需要检测人体移动或存在的地方，当有人体进入其感应辐射范围时，模块输出控制信号。见图 4-24-1。

扫码看视频讲解

图4-24-1　完成效果图

• 实现效果

在环境光线降低到一定程度，同时检测到有人体活动时，才会自动触发照明系统。同时 OLED 显示相关信息。

• 工作原理

本项目融合了光敏电阻与人体感应技术，当周围环境光线变得昏暗，不足以满足日常照明需求，且系统检测到有人体活动时，便会立即自动启动照明设备。

• 所需器材

见表 4-24-1。

人体红外感应模块工作电压 4～20V，当检测到有人活动时，输出高电平 3.3V，否则输出低电平 0V。如图 4-24-2。

表 4-24-1　所需器材一览表

序号	名称	规格	数量
1	人体红外感应模块	HC-SR501	1
2	LED	5mm	1
3	OLED	0.96in	1
4	电阻	10kΩ	1
5	电阻	220Ω	1
6	光敏电阻	—	1

图4-24-2　红外感应模块

1. 两种触发模式

L 为不可触发模式，即感应输出电平后，在延时时间内，不再检查红外状态变化的情况，直到延时结束。H 为可重复触发模式，即感应输出电平后，在延时时间内，检测红外状态变化情况，如再次检测到红外状态变化，重新开始延时计时。一般默认为 H 模式。两种模式主要区别是高电平输出电平期间，是否再次检测区域内红外线变化情况。

2. 感应距离调节

如图4-24-3，顺时针调节，感应距离增加，反之感应距离减少（约3～7m）。

3. 延时时间调节

如图4-24-3，顺时针调节，延时时间增加，反之延时时间减少（约0.5～300s）。

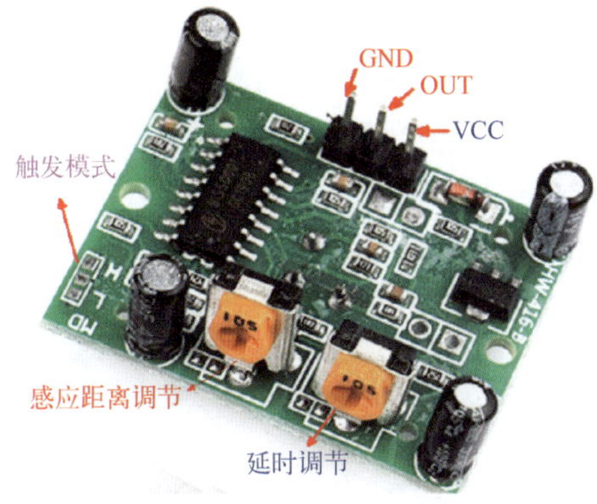

图4-24-3　引脚与电位器

注意：人体红外感应模块在通电后约需1min初始化时间，在此期间模块间隔输出0～3次，约1min进入待机状态。

- **电路图**

如图4-24-4。

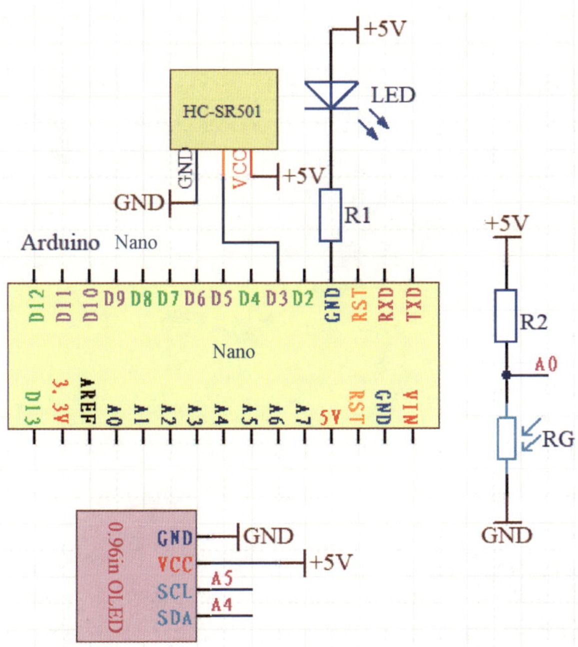

图4-24-4　电路图

- **硬件连接**

见表4-24-2、表4-24-3。

表4-24-2　Arduino Nano与HC-SR501连接

序号	Arduino Nano	功能	HC-SR501	功能
1	GND	负极	GND	负极
2	5V	电源	VCC	电源
3	D2	数字引脚	信号	信号引脚

表4-24-3　Arduino Nano与OLED连接

序号	Arduino Nano	功能	OLED	功能
1	GND	负极	GND	负极
2	5V	电源	VCC	电源
3	A5	SCL	SCL	时钟引脚
4	A4	SDA	SDA	数据引脚

光敏电阻与R2、LED与R1接法参照其他项目或电路图。

• 器材布局

如图4-24-5。

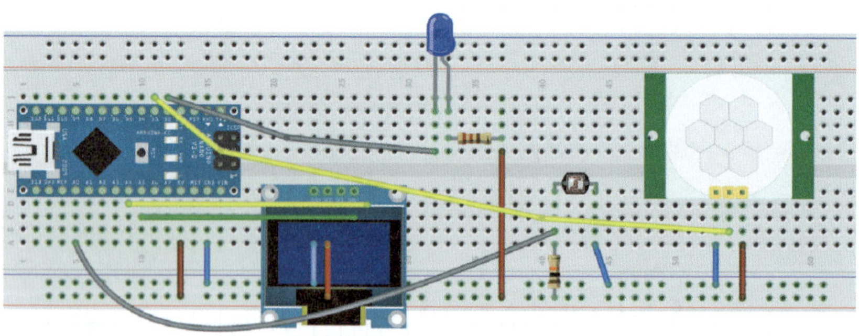

图4-24-5　布局示意图

• 实物布局

如图4-24-6。

图4-24-6　实物布局图

• 程序编写

```
#include <Wire.h>   // 调用 I²C 库文件
#include <Adafruit_GFX.h>
#include <Adafruit_SSD1306.h>
#define SCREEN_WIDTH 128    // OLED 屏幕宽度
#define SCREEN_HEIGHT 64    // OLED 屏幕高度
#define OLED_ADDRESS 0x3C   // OLED-I²C 地址
Adafruit_SSD1306 display(SCREEN_WIDTH, SCREEN_HEIGHT, &Wire, OLED_ADDRESS);
int HC-SR501 = 3; //HC-SR501 信号输出与 Arduino 数字引脚 3 连接
int LED = 2;       //LED 连接引脚
void setup(   )
{
  Serial.begin(9600);   // 串口初始化
  Wire.begin(   );            // 启动 I²C 通信
  //// 初始化 OLED
  if (!display.begin(SSD1306_SWITCHCAPVCC, OLED_ADDRESS))
 {
    Serial.println(F("SSD1306 初始化失败 "));
    for (;;)
      ;
  }
  pinMode(HCR501, INPUT);
  pinMode(LED, OUTPUT);
  display.clearDisplay(   );
}
void loop(   )
{
  int value = digitalRead(HC-SR501); // 读取 HC-SR501 输出高低电平
  int i = analogRead(A0);           // 读取光敏电阻模拟量
  Serial.println(i);              // 打印光敏电阻模拟量
  delay(100);

  if (value == HIGH && i>=800 )
{ // 检测到人体活动与光敏电阻模拟量大于 800 同时满足
    digitalWrite(LED, LOW);   // 点亮 LED
    Serial.println(" 周围有人，感应灯已开启！  ");// 串口打印

    display.setTextSize(1);                    // 设置字体大小
    display.setCursor(0, 55);                  // 设置显示位置
    display.setTextColor(SSD1306_WHITE);   // 设置字体黑色，字体背景白色
    display.print("LED State: ");
    display.println("ON");

  }
 else
```

```
{
    digitalWrite(LED, HIGH);
    display.setTextSize(1);                      //设置字体大小
    display.setCursor(0, 55);                    //设置显示位置
    display.setTextColor(SSD1306_WHITE);   //设置字体黑色，字体背景白色
    display.print("LED State: ");
    display.println("OFF");
  }
    display.setTextSize(1);                      //设置字体大小
    display.setCursor(0, 13);                    //设置显示位置
    display.setTextColor(SSD1306_WHITE);   //设置字体黑色，字体背景白色
    display.print("HCR501 State:      ");      //显示内容

    display.setTextSize(3);                      //设置字体大小
    display.setCursor(80, 5);                    //设置显示位置
    display.setTextColor(SSD1306_WHITE);   //设置字体黑色，字体背景白色
    display.println(value);

    display.setTextSize(1);                      //设置字体大小
    display.setCursor(0, 35);                    //设置显示位置
    display.setTextColor(SSD1306_WHITE);   //设置字体黑色，字体背景白色
    display.print("analogRead:");
    display.println(i);

     display.display( );  //开显示
    display.clearDisplay( );
}
```

串口输出如图 4-24-7。

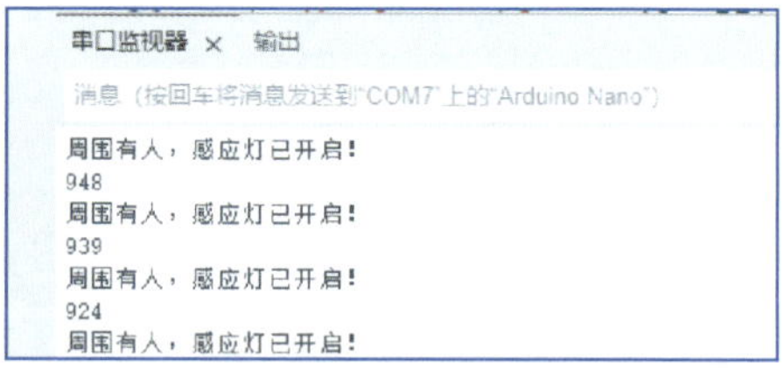

图4-24-7　串口输出

• 程序解析

```
if (value == HIGH && i > =800 )
```

只有当这两个条件同时满足时，即 value 等于 HIGH 且 i 大于或等于 800，整个条件判断语句的结果才为真。如果条件为真，通常会执行紧接着这个条件判断语句之后的代码块。

项目25 模拟“IDC”数据中心恒温恒湿环境

为确保数据中心服务器与网络设备的最佳持续运行，本项目利用 Arduino 和 DHT11 等器材模拟恒温恒湿环境，以满足湿度与温度的具体要求。见图 4-25-1。

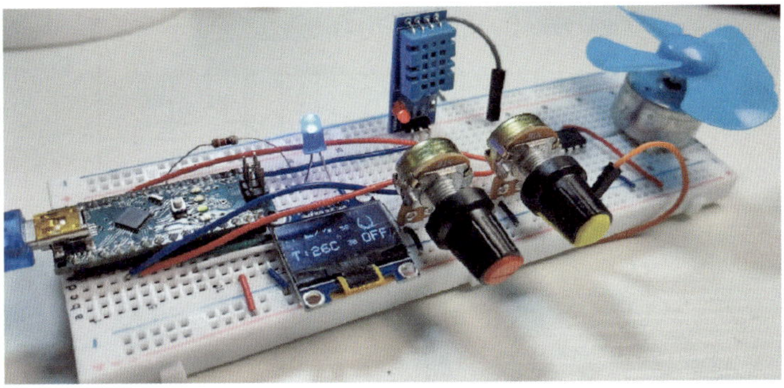

图4-25-1　完成效果图

扫码看视频讲解

· 实现效果

OLED 显示屏不仅能实时展示当前的温湿度数据，还能显示用户设定的温湿度调整值。当设定的湿度值高于实际环境湿度时，程序控制加湿器（在此以 LED 灯替代）工作，并在屏幕上显示一个“小水滴”图标，直观指示加湿器正在工作。同样地，若设定的温度值低于当前环境温度，系统则会启动风扇，并在 OLED 屏上显示“风扇”图标，表明降温已启动。

· 工作原理

本项目集成了 Arduino、DHT11 传感器以及 OLED 显示屏。利用 Arduino 作为控制中心，通过 DHT11 传感器实时采集环境的温湿度数据，当环境温湿度与设定值不符时（程序中采用 if 判断语句），系统会相应启动加湿器或风扇。

· 所需器材

见表 4-25-1。

表 4-25-1　所需器材一览表

序号	名称	规格	数量	序号	名称	规格	数量
1	电位器	1kΩ或10kΩ	2	5	电阻	220Ω	1
2	温湿度传感器	DHT11	1	6	OLED	0.96in	1
3	电机	5V	1	7	集成块	ULN2003	1
4	LED	5mm	1				

ULN2003 驱动集成电路的作用是放大控制信号，驱动大电流负载如电机、继电器等，并具有过流和过热保护功能。内部结构如图 4-25-2，8 脚与 9 脚是芯片供电引脚。1～7 为输入信号，对应 16～10 为输出信号，当输入为高电平的时候，对应输出引脚是低电平。比如 1 脚 输入高电平，16 脚输出低电平。8 脚是 ULN2003 负极，9 脚正极。由于 Arduino Nano I/O 数字接口输出电流有限，本项目采用 ULN2003 驱动风扇电机。

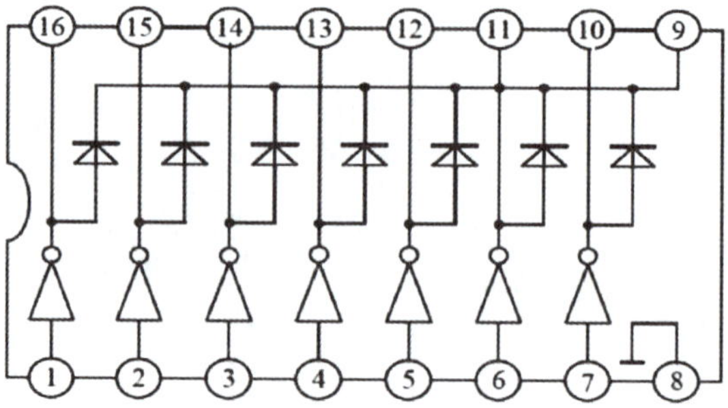

图4-25-2　ULN2003驱动集成电路

• 电路图

如图 4-25-3。

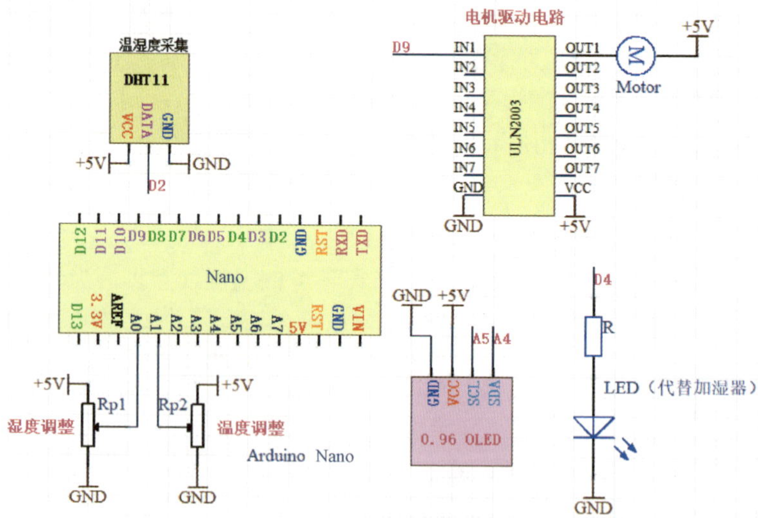

图4-25-3　电路图

• 硬件连接

见表 4-25-2～表 4-25-6。

表 4-25-2　Arduino Nano与电位器(2个)连接

序号	Arduino Nano	功能	电位器	功能
1	+5V	正极	边缘端	与Arduino正极连接
2	GND	负极	边缘端	与Arduino负极连接
3	A0与A1	模拟量输入	中间引脚	Arduino与模拟接口A0、A1连接

表 4-25-3　Arduino Nano与OLED连接

序号	Arduino Nano	功能	OLED	功能
1	GND	负极	GND	负极
2	5V	电源	VCC	电源
3	A5	SCL	SCL	时钟引脚
4	A4	SDA	SDA	数据引脚

表 4-25-4　Arduino Nano与DHT11连接

序号	Arduino Nano	功能	DHT11	功能
1	GND	负极	GND	负极
2	5V	电源	VCC	电源
3	D2	数字引脚	DATA(或者S)	数据引脚

表 4-25-5　Arduino Nano与ULN2003连接

序号	Arduino Nano	功能	ULN2003	功能
1	GND	负极	引脚8	负极
2	5V	电源	引脚9	电源
3	D9	数字引脚	引脚1	信号输入

表 4-25-6　ULN2003与电机连接

序号	ULN2003	功能	电机	功能
1	引脚16	信号输出	黑线	负极
2	5V	电源	红线	正极

· 器材布局

如图 4-25-4。

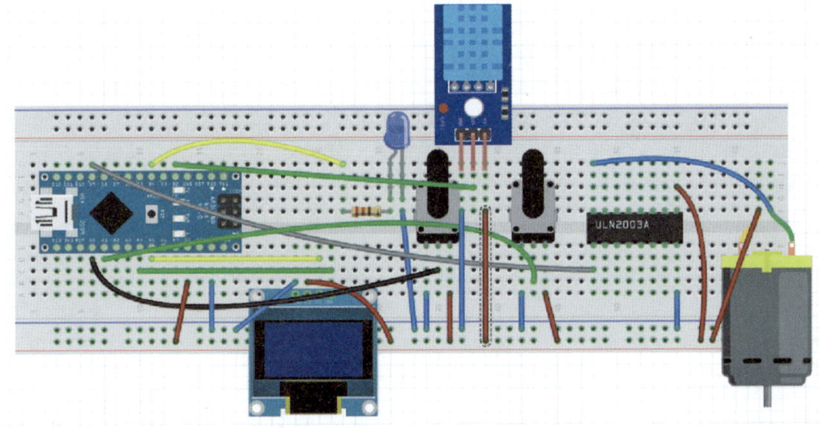

图4-25-4　布局示意图

• 实物布局

如图 4-25-5。

图4-25-5　实物布局图

• 程序编写

```
#include <Wire.h>   // 调用 I²C 库文件
#include <Adafruit_GFX.h>
#include <Adafruit_SSD1306.h>
#define SCREEN_WIDTH 128    // OLED 屏幕宽度
#define SCREEN_HEIGHT 64    // OLED 屏幕高度
#define OLED_ADDRESS 0x3C   // OLED-I²C 地址
Adafruit_SSD1306 display(SCREEN_WIDTH, SCREEN_HEIGHT, &Wire, OLED_ADDRESS);
#include <DHT11.h>   // 调用 DHT11 温湿传感器库文件
DHT11 dht11(2);      //DHT11 定义传感器数据 I/O 引脚

int Hnum;   // 定义湿度控制变量
int Tnum;   // 定义温度控制变量

static const unsigned char PROGMEM fengshan [ ] = // 风扇字模
  {
    0x03,0xF8,0x00,0x07,0x0C,0x00,0x1C,0x0C,0x00,0x30,0x08,0x20,0x20,0x19,0xF8,0x60,
    0x13,0x0C,0x60,0x3E,0x06,0x20,0x7E,0x06,0x18,0xC2,0x07,0x1D,0x83,0x07,0x07,0x81,
    0x06,0x01,0x83,0x06,0x03,0xC3,0x06,0x3E,0x7E,0xC6,0x20,0x02,0x64,0x20,0x02,0x3C,
    0x30,0x02,0x10,0x18,0x02,0x00,0x0E,0x06,0x00,0x07,0x0E,0x00,0x01,0xFC,0x00,
 };

static const unsigned char PROGMEM jiashi [ ] =   // 水滴字模
  {
    0x00,0x04,0x00,0x00,0x0E,0x00,0x00,0x1E,0x00,0x00,0x33,0x00,0x00,0x31,0x80,0x00,
    0x61,0x80,0x00,0xC0,0xC0,0x00,0xC0,0x40,0x01,0x80,0x60,0x01,0x80,0x30,0x03,0x00,
    0x30,0x02,0x00,0x18,0x06,0x00,0x18,0x04,0x00,0x0C,0x0C,0x00,0x0C,0x0C,0x00,0x04,
```

```
    0x08,0x00,0x06,0x18,0x00,0x06,0x18,0x00,0x06,0x18,0x00,0x02,0x1A,0x00,0x02,0x1B,
    0x00,0x06,0x1B,0x00,0x06,0x0D,0x80,0x04,0x0C,0xC0,0x0C,0x06,0x71,0x98,0x03,0x3F,
    0x38,0x01,0xC0,0x70,0x00,0xFF,0xC0,0x00,0x1E,0x00,0x00,0x00,0x00,
};
void setup( )
{
  Serial.begin(9600);  // 串口初始化
  Wire.begin( );           // 启动 I²C 通信
  //// 初始化 OLED
  if (!display.begin(SSD1306_SWITCHCAPVCC, OLED_ADDRESS))
{
    Serial.println(F("SSD1306 初始化失败 "));
    for (;;)
      ;
  }
  pinMode(9, OUTPUT); // 控制风扇
  digitalWrite(9, LOW); // 初始化低电平
  pinMode(4, OUTPUT); // 控制加湿器
  digitalWrite(4, LOW); // 初始化低电平
  display.clearDisplay( );
}
void loop( )
 {
  H1( );// 调用湿度范围函数
  T1( );// 调用温度范围函数
  int h = dht11.readHumidity( );       // 读取湿度值，并赋值给 h
  int t = dht11.readTemperature( );   // 读取温度值，并赋值给 t
  // 读取 DHT11 传感器的温度和湿度值，并赋值给 result
  int result = dht11.readTemperatureHumidity(t, h);
  // 以下语句，判断是否启动风扇
  if (t >= Tnum)
{
    digitalWrite(9, HIGH);
    display.drawBitmap(90, 40, fengshan, 24, 21, SSD1306_WHITE);
  }
  else
  {
  digitalWrite(9, LOW);
  display.setTextSize(2);
  display.setCursor(90, 40);                  // 设置显示位置
  display.setTextColor(SSD1306_WHITE);  // 设置字体黑色，字体背景白色
  display.println("OFF");
```

```
    //display.display( );  //开显示
    }

  //以下语句，判断是否启动加湿器
    if (h <= Hnum)
  {
      digitalWrite(4, HIGH);
      display.drawBitmap(90, 5, jiashi, 24, 31, SSD1306_WHITE);
    }
    else
    {
    digitalWrite(4, LOW);
    display.setTextSize(2);
    display.setCursor(90, 20);                //设置显示位置
    display.setTextColor(SSD1306_WHITE);  //设置字体黑色，字体背景白色
    display.println("OFF");
    //display.display( );  //开显示
    }
    if (result == 0)
  {
      //以下是串口显示温湿度
      Serial.print("Humidity:");  //串口打印湿度英文
      Serial.print(h);                //打印湿度值
      Serial.print("%");

      Serial.print("  Temperature:");  //串口打印温度英文
      Serial.print(t);                   //打印温度值
      Serial.println("℃ ");
      //以下是 OLED 显示温湿度
      display.setTextSize(2);                //设置字体大小
      display.setCursor(0, 10);              //设置显示位置
      display.setTextColor(SSD1306_WHITE);  //设置字体黑色，字体背景白色
      display.print("H:");                   //显示内容
      display.print(h);
      display.println("%");

      display.setTextSize(2);                //设置字体大小
      display.setCursor(0, 40);              //设置显示位置
      display.setTextColor(SSD1306_WHITE);  //设置字体黑色，字体背景白色
      display.print("T:");                   //显示内容
      display.print(t);
      display.println("C");
```

```
    display.display( );  // 开显示
    display.clearDisplay( );
  }
  // 打印错误信息。
  else {
    Serial.println(DHT11::getErrorString(h));
    digitalWrite(4, LOW);// 防止加湿器启动
    digitalWrite(9, LOW);// 防止风扇启动
    display.clearDisplay( );
    // 以下是 OLED 显示检测不到 DHT11 提示信息
    display.setTextSize(1);                   // 设置字体大小
    display.setCursor(0, 20);                 // 设置显示位置
    display.setTextColor(SSD1306_WHITE);  // 设置字体黑色，字体背景白色
    display.println("Error DHT11 timed out");
    display.display( );  // 开显示
  }
}
void H1( ) // 调整湿度范围函数
  {
  int Value = analogRead(A0);
  Hnum = map(Value, 0, 1023, 20, 80);
  Serial.println(Value);
  Serial.println(Hnum);
  //delay(100);
  display.setTextSize(1);
  display.setCursor(70, 20);                 // 设置显示位置
  display.setTextColor(SSD1306_WHITE);  // 设置字体黑色，字体背景白色
  display.println(Hnum);
}
void T1( ) // 调整温度范围函数
{
  int Value1 = analogRead(A1);
  Tnum = map(Value1, 0, 1023, 20, 50);
  Serial.println(Value1);
  Serial.println(Tnum);
  //delay(100);
  display.setTextSize(1);
  display.setCursor(70, 45);                 // 设置显示位置
  display.setTextColor(SSD1306_WHITE);  // 设置字体黑色，字体背景白色
  display.println(Tnum);
}
```

项目26 双按键实现LED亮度控制

本项目中，通过两个按键控制 LED 的亮度，一个按键用于增加亮度，一个按键用于降低亮度。见图 4-26-1。

扫码看视频讲解

图4-26-1 完成效果图

· 实现效果

按键 K1 用于增加亮度，K2 用于降低亮度，在按键的时候，LED 亮度增加或者降低。LED3 是被控制的 LED。LED1 与 LED2 是按键指示灯。

· 工作原理

利用 PWM 技术，通过按压增加亮度的按键可逐步提升 PWM，使亮度随之增强；相反，按压降低亮度的按键则会逐步降低 PWM 值，从而使亮度减弱。PWM 数值范围 0～255 内。

· 所需器材

见表 4-26-1。

表 4-26-1 所需器材一览表

序号	名称	规格	数量
1	电阻	220Ω	3
2	LED	5mm-红	1
3	LED	5mm-绿	1
4	LED	5mm-蓝	1
5	按键	—	2

· 电路图

如图 4-26-2。

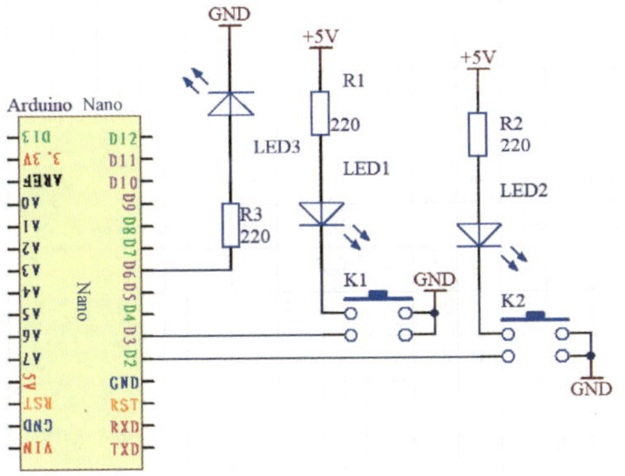

图4-26-2　电路图

• 硬件连接

见表 4-26-2、表 4-26-3。

表 4-26-2　Arduino Nano 与 LED 连接

序号	Arduino Nano	功能	发光二极管	功能
1	D6	数字引脚	红色LED	通过220Ω电阻连接LED正极
2	GND	负极	LED	与负极连接

表 4-26-3　Arduino Nano 与按键连接

序号	Arduino Nano	功能	按键	功能
1	D2	数字接口	K1	增加亮度
2	D3	数字接口	K2	降低亮度

• 器材布局

如图 4-26-3。

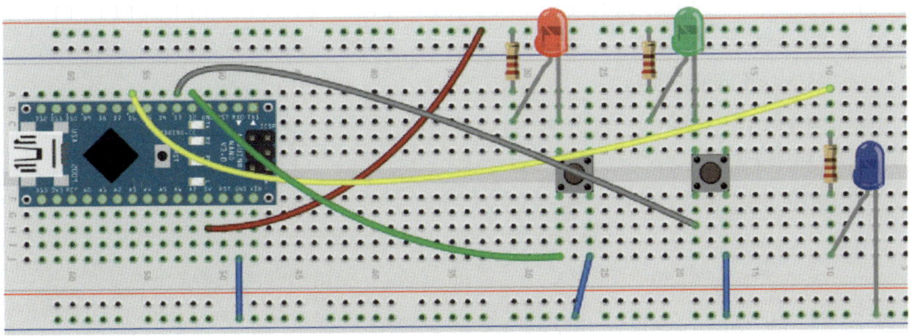

图4-26-3　布局示意图

· 实物布局

如图 4-26-4。

图4-26-4 实物布局图

· 程序编写

```
int keyUp = 2;// 灯光增加按键
int keyDown = 3;// 灯光减少按键
int light = 6; // 灯光引脚
int PWM = 100; // 灯光 PWM 初始值
int val = 20;
void setup (  )
{
  pinMode(keyUp, INPUT_PULLUP);// 按键设置为上拉模式
  pinMode(keyDown, INPUT_PULLUP);// 按键设置为上拉模式
  Serial.begin(9600);
}
void loop(  )
{
  if (digitalRead(keyUp) == 0) // 判断按键状态
  {
    delay(20);
    if (digitalRead(keyUp) == 0)
    {
      PWM = PWM + val;
      if (PWM >= 255)
        PWM = 255;
      while (digitalRead(keyUp) == 0);
    }
  }
  if (digitalRead(keyDown) == 0) // 判断按键状态
  {
```

```
      delay(20);
      if (digitalRead(keyDown) == 0)
      {
        PWM = PWM - val;
        if (PWM <= 0)
          PWM = 0;
        while (digitalRead(keyDown) == 0);
      }
    }
    Serial.println(PWM);
    delay(100);
    analogWrite(light, PWM);
  }
```

项目27 OLED骰子

为了提升 Arduino 和 OLED 显示屏项目的互动性，现制作一个能够随机显示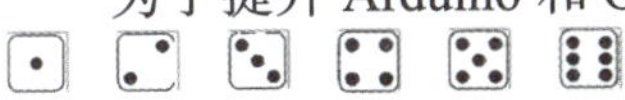等数字图片信息的趣味性骰子。见图 4-27-1。

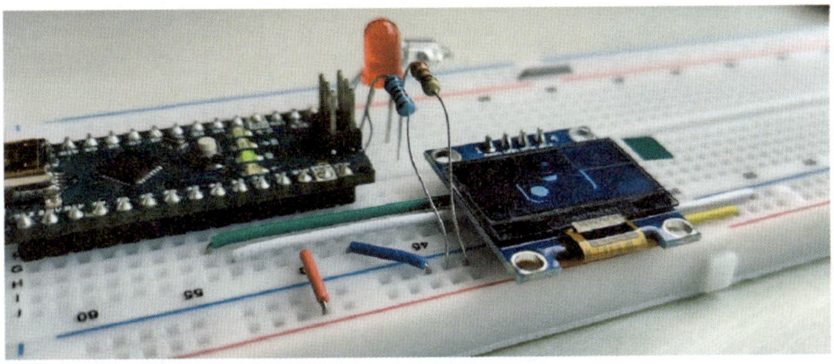

图4-27-1　完成效果图

扫码看视频讲解

· 实现效果

当图 4-27-1 所示的电路装置被晃动时，由于水银开关触发中断，随后 OLED 显示屏会迅速随机展示出 1～6 之间的数字图片信息，模拟出掷骰子的游戏效果。

· 工作原理

当水银开关因晃动而触发中断函数时，随机函数会生成一个 1～6 之间的数字，并依据该数字在OLED 显示屏上展示对应的图片信息，模拟传统骰子的效果，因此该项目被命名为 OLED 骰子。

· 所需器材

见表 4-27-1。

表 4-27-1　所需器材一览表

序号	名称	规格	数量	序号	名称	规格	数量
1	OLED	0.96in	1	4	LED	5mm	1
2	电阻	220Ω	1	5	水银开关	—	1
3	电阻	10kΩ	1				

水银开关的工作原理是非常简单的，它依靠水银在内部流动并接触两个电极来使电路闭合，与其他开关没有什么太大的区别，使用时需小心，避免玻璃外壳破损导致水银泄漏，因为水银会对人体健康构成危害。一旦发生泄漏，应立即采取适当的处理措施。

· 电路图

如图 4-27-2。

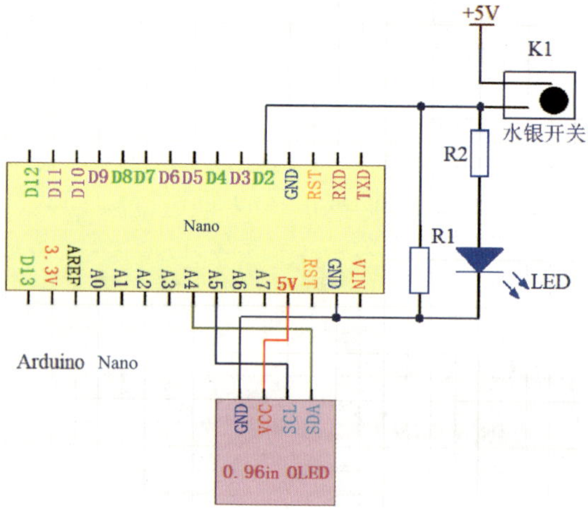

图4-27-2　电路图

· 硬件连接

见表 4-27-2。

表 4-27-2　Arduino Nano 与 OLED 连接

序号	Arduino Nano	功能	OLED	功能
1	GND	负极	GND	负极
2	5V	电源	VCC	电源
3	A5	SCL	SCL	时钟引脚
4	A4	SDA	SDA	数据引脚

水银开关与 LED、电阻等电路连接，参照电路图或器材布局图。

- **器材布局**

如图 4-27-3。

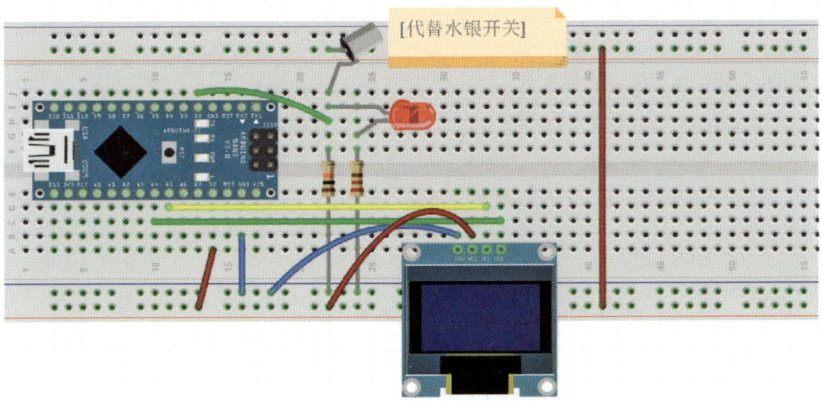

图4-27-3　布局示意图

- **实物布局**

如图 4-27-4

图4-27-4　实物布局图

- **程序编写**

```
#include <Wire.h>                    // 调用 I²C 库文件
#include <Adafruit_GFX.h>
#include <Adafruit_SSD1306.h>
#define SCREEN_WIDTH 128            // OLED 屏幕宽度
#define SCREEN_HEIGHT 64            // OLED 屏幕高度
#define OLED_ADDRESS 0x3C            // OLED-I²C 地址
Adafruit_SSD1306 display(SCREEN_WIDTH, SCREEN_HEIGHT, &Wire, OLED_ADDRESS);
int x;   // 定义全局变量
static const unsigned char PROGMEM yi[ ] = {
```

```
0x00,0x00,0x00,0x00,0x00,0x00,0x00,0x00,0x00,0xFF,0xFF,0xFF,0xFF,0xFF,0xE0,0x00,
0x03,0x80,0x00,0x00,0x00,0x00,0x38,0x00,0x0C,0x00,0x00,0x00,0x00,0x00,0x0C,0x00,
0x18,0x00,0x00,0x00,0x00,0x00,0x06,0x00,0x10,0x00,0x00,0x00,0x00,0x00,0x03,0x00,
0x30,0x00,0x00,0x00,0x00,0x00,0x01,0x00,0x20,0x00,0x00,0x00,0x00,0x00,0x01,0x80,
0x20,0x00,0x00,0x00,0x00,0x00,0x00,0x80,0x60,0x00,0x00,0x00,0x00,0x00,0x00,0x80,
0x60,0x00,0x00,0x00,0x00,0x00,0x00,0x80,0x60,0x00,0x00,0x00,0x00,0x00,0x00,0x80,
0x60,0x00,0x00,0x00,0x00,0x00,0x00,0x80,0x60,0x00,0x00,0x00,0x00,0x00,0x00,0x80,
0x60,0x00,0x00,0x00,0x00,0x00,0x00,0x80,0x60,0x00,0x00,0x00,0x00,0x00,0x00,0x80,
0x60,0x00,0x00,0x00,0x00,0x00,0x00,0x80,0x60,0x00,0x00,0x00,0x00,0x00,0x00,0x80,
0x60,0x00,0x00,0x00,0x00,0x00,0x00,0x80,0x60,0x00,0x00,0x00,0x00,0x00,0x00,0x80,
0x60,0x00,0x00,0x00,0x00,0x00,0x00,0x80,0x60,0x00,0x00,0x00,0x00,0x00,0x00,0x80,
0x60,0x00,0x00,0x1F,0x00,0x00,0x00,0x80,0x60,0x00,0x00,0x3F,0xC0,0x00,0x00,0x80,
0x60,0x00,0x00,0x7F,0xE0,0x00,0x00,0x80,0x60,0x00,0x00,0xFF,0xE0,0x00,0x00,0x80,
0x60,0x00,0x00,0xFF,0xF0,0x00,0x00,0x80,0x60,0x00,0x01,0xFF,0xF0,0x00,0x00,0x80,
0x60,0x00,0x01,0xFF,0xF0,0x00,0x00,0x80,0x60,0x00,0x01,0xFF,0xF0,0x00,0x00,0x80,
0x60,0x00,0x00,0xFF,0xF0,0x00,0x00,0x80,0x60,0x00,0x00,0xFF,0xE0,0x00,0x00,0x80,
0x60,0x00,0x00,0x7F,0xC0,0x00,0x00,0x80,0x60,0x00,0x00,0x3F,0x80,0x00,0x00,0x80,
0x60,0x00,0x00,0x0F,0x00,0x00,0x00,0x80,0x60,0x00,0x00,0x00,0x00,0x00,0x00,0x80,
0x60,0x00,0x00,0x00,0x00,0x00,0x00,0x80,0x60,0x00,0x00,0x00,0x00,0x00,0x00,0x80,
0x60,0x00,0x00,0x00,0x00,0x00,0x00,0x80,0x60,0x00,0x00,0x00,0x00,0x00,0x00,0x80,
0x60,0x00,0x00,0x00,0x00,0x00,0x00,0x80,0x60,0x00,0x00,0x00,0x00,0x00,0x00,0x80,
0x60,0x00,0x00,0x00,0x00,0x00,0x00,0x80,0x60,0x00,0x00,0x00,0x00,0x00,0x00,0x80,
0x60,0x00,0x00,0x00,0x00,0x00,0x00,0x80,0x60,0x00,0x00,0x00,0x00,0x00,0x00,0x80,
0x60,0x00,0x00,0x00,0x00,0x00,0x00,0x80,0x60,0x00,0x00,0x00,0x00,0x00,0x00,0x80,
0x60,0x00,0x00,0x00,0x00,0x00,0x00,0x80,0x20,0x00,0x00,0x00,0x00,0x00,0x00,0x80,
0x20,0x00,0x00,0x00,0x00,0x00,0x01,0x80,0x30,0x00,0x00,0x00,0x00,0x00,0x01,0x00,
0x18,0x00,0x00,0x00,0x00,0x00,0x03,0x00,0x0C,0x00,0x00,0x00,0x00,0x00,0x06,0x00,
0x06,0x00,0x00,0x00,0x00,0x00,0x1C,0x00,0x03,0xFF,0xFF,0xFF,0xFF,0xFF,0xF0,0x00,
0x00,0x7F,0xFF,0xFF,0xFF,0xFF,0xC0,0x00,0x00,0x00,0x00,0x00,0x00,0x00,0x00,0x00,
};
static const unsigned char PROGMEM er[  ] = {
0x00,0x00,0x00,0x00,0x00,0x00,0x00,0x00,0x00,0xFF,0xFF,0xFF,0xFF,0xFF,0xE0,0x00,
0x03,0x00,0x00,0x00,0x00,0x00,0x18,0x00,0x0C,0x00,0x00,0x00,0x00,0x00,0x04,0x00,
0x18,0x00,0x00,0x00,0x00,0x00,0x02,0x00,0x10,0x00,0x00,0x00,0x00,0x00,0x01,0x00,
0x20,0x00,0x00,0x00,0x00,0x00,0x00,0x80,0x20,0x1F,0x00,0x00,0x00,0x00,0x00,0x80,
0x40,0x3F,0xC0,0x00,0x00,0x00,0x00,0x80,0x40,0x7F,0xE0,0x00,0x00,0x00,0x00,0x00,
0x40,0xFF,0xE0,0x00,0x00,0x00,0x00,0x00,0x40,0xFF,0xF0,0x00,0x00,0x00,0x00,0x00,
0x40,0xFF,0xF0,0x00,0x00,0x00,0x00,0x00,0x40,0xFF,0xF0,0x00,0x00,0x00,0x00,0x00,
0x40,0xFF,0xF0,0x00,0x00,0x00,0x00,0x00,0x40,0xFF,0xF0,0x00,0x00,0x00,0x00,0x00,
0x40,0x7F,0xE0,0x00,0x00,0x00,0x00,0x00,0x40,0x3F,0xC0,0x00,0x00,0x00,0x00,0x00,
0x40,0x1F,0x80,0x00,0x00,0x00,0x00,0x00,0x40,0x00,0x00,0x00,0x00,0x00,0x00,0x00,
0x40,0x00,0x00,0x00,0x00,0x00,0x00,0x00,0x40,0x00,0x00,0x00,0x00,0x00,0x00,0x00,
0x40,0x00,0x00,0x00,0x00,0x00,0x00,0x00,0x40,0x00,0x00,0x00,0x00,0x00,0x00,0x00,
```

```
0x40,0x00,0x00,0x00,0x00,0x00,0x00,0x00,0x40,0x00,0x00,0x00,0x00,0x00,0x00,0x00,
0x40,0x00,0x00,0x00,0x00,0x00,0x00,0x00,0x40,0x00,0x00,0x00,0x00,0x00,0x00,0x00,
0x40,0x00,0x00,0x00,0x00,0x00,0x00,0x00,0x40,0x00,0x00,0x00,0x00,0x00,0x00,0x00,
0x40,0x00,0x00,0x00,0x00,0x00,0x00,0x00,0x40,0x00,0x00,0x00,0x00,0x00,0x00,0x00,
0x40,0x00,0x00,0x00,0x00,0x00,0x00,0x00,0x40,0x00,0x00,0x00,0x00,0x00,0x00,0x00,
0x40,0x00,0x00,0x00,0x00,0x00,0x00,0x00,0x40,0x00,0x00,0x00,0x00,0x00,0x00,0x00,
0x40,0x00,0x00,0x00,0x00,0x00,0x00,0x00,0x40,0x00,0x00,0x00,0x00,0x00,0x00,0x00,
0x40,0x00,0x00,0x00,0x00,0x0E,0x00,0x00,0x40,0x00,0x00,0x00,0x00,0x3F,0x80,0x00,
0x40,0x00,0x00,0x00,0x00,0x7F,0xC0,0x00,0x40,0x00,0x00,0x00,0x00,0xFF,0xE0,0x00,
0x40,0x00,0x00,0x00,0x00,0xFF,0xE0,0x00,0x40,0x00,0x00,0x00,0x01,0xFF,0xF0,0x00,
0x40,0x00,0x00,0x00,0x01,0xFF,0xF0,0x00,0x40,0x00,0x00,0x00,0x01,0xFF,0xF0,0x00,
0x40,0x00,0x00,0x00,0x00,0xFF,0xE0,0x00,0x40,0x00,0x00,0x00,0x00,0xFF,0xE0,0x00,
0x40,0x00,0x00,0x00,0x00,0x7F,0xC0,0x00,0x40,0x00,0x00,0x00,0x00,0x3F,0x80,0x80,
0x40,0x00,0x00,0x00,0x00,0x0E,0x00,0x80,0x20,0x00,0x00,0x00,0x00,0x00,0x00,0x80,
0x20,0x00,0x00,0x00,0x00,0x00,0x01,0x00,0x10,0x00,0x00,0x00,0x00,0x00,0x03,0x00,
0x08,0x00,0x00,0x00,0x00,0x00,0x06,0x00,0x06,0x00,0x00,0x00,0x00,0x00,0x08,0x00,
0x01,0xFF,0xFF,0xFF,0xFF,0xFF,0xF0,0x00,0x00,0x00,0x00,0x00,0x00,0x00,0x00,0x00,
};

static const unsigned char PROGMEM san[ ] = {
0x00,0x00,0x00,0x00,0x00,0x00,0x00,0x00,0x00,0x00,0x00,0x00,0x00,0x00,0x00,0x00,
0x00,0xFF,0xFF,0xFF,0xFF,0xFF,0xF0,0x00,0x03,0x00,0x00,0x00,0x00,0x00,0x0C,0x00,
0x04,0x00,0x00,0x00,0x00,0x00,0x02,0x00,0x08,0x00,0x00,0x00,0x00,0x00,0x01,0x00,
0x10,0x00,0x00,0x00,0x00,0x00,0x00,0x80,0x10,0x00,0x00,0x00,0x00,0x00,0x00,0x80,
0x20,0x00,0x00,0x00,0x00,0x1F,0x80,0x40,0x20,0x00,0x00,0x00,0x00,0x3F,0xC0,0x40,
0x20,0x00,0x00,0x00,0x00,0x7F,0xE0,0x40,0x20,0x00,0x00,0x00,0x00,0xFF,0xF0,0x40,
0x20,0x00,0x00,0x00,0x00,0xFF,0xF0,0x40,0x20,0x00,0x00,0x00,0x00,0xFF,0xF0,0x40,
0x20,0x00,0x00,0x00,0x00,0xFF,0xF0,0x40,0x20,0x00,0x00,0x00,0x00,0xFF,0xF0,0x40,
0x20,0x00,0x00,0x00,0x00,0x7F,0xE0,0x40,0x20,0x00,0x00,0x00,0x00,0x7F,0xE0,0x40,
0x20,0x00,0x00,0x00,0x00,0x3F,0xC0,0x40,0x20,0x00,0x00,0x00,0x00,0x0F,0x00,0x40,
0x20,0x00,0x00,0x00,0x00,0x00,0x00,0x40,0x20,0x00,0x00,0x00,0x00,0x00,0x00,0x40,
0x20,0x00,0x00,0x00,0x00,0x00,0x00,0x40,0x20,0x00,0x00,0x0F,0x00,0x00,0x00,0x40,
0x20,0x00,0x00,0x3F,0xC0,0x00,0x00,0x40,0x20,0x00,0x00,0x7F,0xE0,0x00,0x00,0x40,
0x20,0x00,0x00,0x7F,0xF0,0x00,0x00,0x40,0x20,0x00,0x00,0xFF,0xF0,0x00,0x00,0x40,
0x20,0x00,0x00,0xFF,0xF0,0x00,0x00,0x40,0x20,0x00,0x00,0xFF,0xF0,0x00,0x00,0x40,
0x20,0x00,0x00,0xFF,0xF0,0x00,0x00,0x40,0x20,0x00,0x00,0xFF,0xF0,0x00,0x00,0x40,
0x20,0x00,0x00,0x7F,0xE0,0x00,0x00,0x40,0x20,0x00,0x00,0x3F,0xE0,0x00,0x00,0x40,
0x20,0x00,0x00,0x1F,0x80,0x00,0x00,0x40,0x20,0x00,0x00,0x00,0x00,0x00,0x00,0x40,
0x20,0x00,0x00,0x00,0x00,0x00,0x00,0x40,0x20,0x00,0x00,0x00,0x00,0x00,0x00,0x40,
0x20,0x00,0x00,0x00,0x00,0x00,0x00,0x40,0x20,0x0F,0x80,0x00,0x00,0x00,0x00,0x40,
0x20,0x3F,0xE0,0x00,0x00,0x00,0x00,0x40,0x20,0x7F,0xF0,0x00,0x00,0x00,0x00,0x40,
0x20,0x7F,0xF0,0x00,0x00,0x00,0x00,0x40,0x20,0x7F,0xF0,0x00,0x00,0x00,0x00,0x40,
0x20,0xFF,0xF8,0x00,0x00,0x00,0x00,0x40,0x20,0xFF,0xF8,0x00,0x00,0x00,0x00,0x40,
```

```
0x20,0x7F,0xF0,0x00,0x00,0x00,0x00,0x40,0x20,0x7F,0xF0,0x00,0x00,0x00,0x00,0x40,
0x20,0x3F,0xE0,0x00,0x00,0x00,0x00,0x40,0x20,0x1F,0xC0,0x00,0x00,0x00,0x00,0x40,
0x20,0x0F,0x80,0x00,0x00,0x00,0x00,0x40,0x20,0x00,0x00,0x00,0x00,0x00,0x00,0x80,
0x10,0x00,0x00,0x00,0x00,0x00,0x00,0x80,0x08,0x00,0x00,0x00,0x00,0x00,0x01,0x00,
0x0C,0x00,0x00,0x00,0x00,0x00,0x02,0x00,0x06,0x00,0x00,0x00,0x00,0x00,0x04,0x00,
0x01,0xE7,0xFE,0x70,0x03,0xFF,0xF8,0x00,0x00,0x00,0x00,0x00,0x00,0x00,0x00,0x00,
};
static const unsigned char PROGMEM si[   ] = {
  0x01,0xFF,0xFF,0xFF,0xFF,0xFF,0xFC,0x00,0x07,0x80,0x00,0x00,0x00,0x00,0x0F,0x00,
0x0C,0x00,0x00,0x00,0x00,0x00,0x01,0x80,0x18,0x00,0x00,0x00,0x00,0x00,0x00,0xC0,
0x30,0x00,0x00,0x00,0x00,0x00,0x00,0x60,0x20,0x00,0x00,0x00,0x00,0x00,0x00,0x20,
0x60,0x1F,0x80,0x00,0x00,0x07,0xC0,0x30,0x40,0x3F,0xC0,0x00,0x00,0x1F,0xF0,0x10,
0x40,0x7F,0xE0,0x00,0x00,0x3F,0xF8,0x10,0x40,0xFF,0xF0,0x00,0x00,0x3F,0xF8,0x10,
0x40,0xFF,0xF8,0x00,0x00,0x7F,0xFC,0x10,0x40,0xFF,0xF8,0x00,0x00,0x7F,0xFC,0x10,
0x41,0xFF,0xF8,0x00,0x00,0x7F,0xFC,0x10,0xC1,0xFF,0xF8,0x00,0x00,0x7F,0xFC,0x10,
0xC0,0xFF,0xF8,0x00,0x00,0x7F,0xFC,0x10,0xC0,0xFF,0xF0,0x00,0x00,0x7F,0xFC,0x10,
0xC0,0x7F,0xF0,0x00,0x00,0x3F,0xF8,0x10,0xC0,0x7F,0xE0,0x00,0x00,0x1F,0xF0,0x10,
0xC0,0x1F,0xC0,0x00,0x00,0x0F,0xE0,0x10,0xC0,0x02,0x00,0x00,0x00,0x01,0x00,0x10,
0xC0,0x00,0x00,0x00,0x00,0x00,0x00,0x10,0xC0,0x00,0x00,0x00,0x00,0x00,0x00,0x10,
0xC0,0x00,0x00,0x00,0x00,0x00,0x00,0x10,0xC0,0x00,0x00,0x00,0x00,0x00,0x00,0x10,
0xC0,0x00,0x00,0x00,0x00,0x00,0x00,0x10,0xC0,0x00,0x00,0x00,0x00,0x00,0x00,0x10,
0xC0,0x00,0x00,0x00,0x00,0x00,0x00,0x10,0xC0,0x00,0x00,0x00,0x00,0x00,0x00,0x10,
0xC0,0x00,0x00,0x00,0x00,0x00,0x00,0x10,0xC0,0x00,0x00,0x00,0x00,0x00,0x00,0x10,
0xC0,0x00,0x00,0x00,0x00,0x00,0x00,0x10,0xC0,0x00,0x00,0x00,0x00,0x00,0x00,0x10,
0xC0,0x00,0x00,0x00,0x00,0x00,0x00,0x10,0xC0,0x00,0x00,0x00,0x00,0x00,0x00,0x10,
0xC0,0x00,0x00,0x00,0x00,0x00,0x00,0x10,0xC0,0x00,0x00,0x00,0x00,0x00,0x00,0x10,
0xC0,0x00,0x00,0x00,0x00,0x00,0x00,0x10,0xC0,0x00,0x00,0x00,0x00,0x00,0x00,0x10,
0xC0,0x00,0x00,0x00,0x00,0x00,0x00,0x10,0xC0,0x0F,0x00,0x00,0x00,0x03,0x80,0x10,
0xC0,0x3F,0xC0,0x00,0x00,0x0F,0xE0,0x10,0xC0,0x7F,0xE0,0x00,0x00,0x1F,0xF0,0x10,
0xC0,0xFF,0xF0,0x00,0x00,0x3F,0xF8,0x10,0xC0,0xFF,0xF0,0x00,0x00,0x7F,0xFC,0x10,
0xC0,0xFF,0xF8,0x00,0x00,0x7F,0xFC,0x10,0xC1,0xFF,0xF8,0x00,0x00,0x7F,0xFC,0x10,
0x41,0xFF,0xF8,0x00,0x00,0x7F,0xFC,0x10,0x40,0xFF,0xF8,0x00,0x00,0x7F,0xFC,0x10,
0x40,0xFF,0xF8,0x00,0x00,0x7F,0xFC,0x10,0x40,0xFF,0xF0,0x00,0x00,0x3F,0xF8,0x10,
0x40,0x7F,0xE0,0x00,0x00,0x3F,0xF8,0x10,0x40,0x3F,0xC0,0x00,0x00,0x1F,0xF0,0x10,
0x40,0x0F,0x00,0x00,0x00,0x07,0xC0,0x30,0x60,0x00,0x00,0x00,0x00,0x00,0x00,0x30,
0x20,0x00,0x00,0x00,0x00,0x00,0x00,0x60,0x30,0x00,0x00,0x00,0x00,0x00,0x00,0x40,
0x18,0x00,0x00,0x00,0x00,0x00,0x00,0xC0,0x0E,0x00,0x00,0x00,0x00,0x00,0x03,0x80,
0x03,0xFF,0xFF,0xFF,0xFF,0xFF,0xFE,0x00,0x00,0xFF,0xFF,0xFF,0xFF,0xFF,0xF8,0x00,
};
static const unsigned char PROGMEM wu[   ] = {

0x00,0x00,0x00,0x00,0x00,0x00,0x00,0x00,0x01,0xFF,0xFF,0xFF,0xFF,0xFF,0xFC,0x00,
0x07,0x00,0x00,0x00,0x00,0x00,0x06,0x00,0x0C,0x00,0x00,0x00,0x00,0x00,0x01,0x80,
0x18,0x00,0x00,0x00,0x00,0x00,0x00,0x80,0x30,0x00,0x00,0x00,0x00,0x00,0x00,0x40,
```

```
0x20,0x06,0x00,0x00,0x00,0x03,0x00,0x60,0x60,0x1F,0xC0,0x00,0x00,0x1F,0xC0,0x20,
0x60,0x7F,0xE0,0x00,0x00,0x3F,0xF0,0x20,0x40,0x7F,0xF0,0x00,0x00,0x7F,0xF0,0x20,
0x40,0xFF,0xF0,0x00,0x00,0x7F,0xF8,0x20,0x40,0xFF,0xF8,0x00,0x00,0xFF,0xF8,0x20,
0x40,0xFF,0xF8,0x00,0x00,0xFF,0xFC,0x20,0x40,0xFF,0xF8,0x00,0x00,0xFF,0xFC,0x20,
0x40,0xFF,0xF8,0x00,0x00,0xFF,0xF8,0x20,0x40,0xFF,0xF0,0x00,0x00,0x7F,0xF8,0x20,
0x40,0x7F,0xF0,0x00,0x00,0x7F,0xF0,0x20,0x40,0x7F,0xE0,0x00,0x00,0x3F,0xF0,0x20,
0x40,0x1F,0xC0,0x00,0x00,0x1F,0xC0,0x20,0x40,0x06,0x00,0x00,0x00,0x03,0x00,0x20,
0x40,0x00,0x00,0x00,0x00,0x00,0x00,0x20,0x40,0x00,0x00,0x00,0x00,0x00,0x00,0x20,
0x40,0x00,0x00,0x00,0x00,0x00,0x00,0x20,0x40,0x00,0x00,0x1F,0xC0,0x00,0x00,0x20,
0x40,0x00,0x00,0x3F,0xE0,0x00,0x00,0x20,0x40,0x00,0x00,0x7F,0xF0,0x00,0x00,0x20,
0x40,0x00,0x00,0x7F,0xF8,0x00,0x00,0x20,0x40,0x00,0x00,0xFF,0xF8,0x00,0x00,0x20,
0x40,0x00,0x00,0xFF,0xF8,0x00,0x00,0x20,0x40,0x00,0x00,0xFF,0xF8,0x00,0x00,0x20,
0x40,0x00,0x00,0xFF,0xF8,0x00,0x00,0x20,0x40,0x00,0x00,0xFF,0xF8,0x00,0x00,0x20,
0x40,0x00,0x00,0x7F,0xF0,0x00,0x00,0x20,0x40,0x00,0x00,0x3F,0xE0,0x00,0x00,0x20,
0x40,0x00,0x00,0x1F,0xC0,0x00,0x00,0x20,0x40,0x00,0x00,0x07,0x00,0x00,0x00,0x20,
0x40,0x00,0x00,0x00,0x00,0x00,0x00,0x20,0x40,0x00,0x00,0x00,0x00,0x00,0x00,0x20,
0x40,0x00,0x00,0x00,0x00,0x00,0x00,0x20,0x40,0x1F,0x80,0x00,0x00,0x0F,0xC0,0x20,
0x40,0x3F,0xE0,0x00,0x00,0x3F,0xE0,0x20,0x40,0x7F,0xF0,0x00,0x00,0x7F,0xF0,0x20,
0x40,0xFF,0xF0,0x00,0x00,0x7F,0xF8,0x20,0x40,0xFF,0xF8,0x00,0x00,0xFF,0xF8,0x20,
0x40,0xFF,0xF8,0x00,0x00,0xFF,0xFC,0x20,0x40,0xFF,0xF8,0x00,0x00,0xFF,0xFC,0x20,
0x40,0xFF,0xF8,0x00,0x00,0xFF,0xF8,0x20,0x40,0xFF,0xF0,0x00,0x00,0x7F,0xF8,0x20,
0x40,0xFF,0xF0,0x00,0x00,0x7F,0xF8,0x20,0x40,0x7F,0xE0,0x00,0x00,0x3F,0xF0,0x20,
0x60,0x3F,0xC0,0x00,0x00,0x1F,0xE0,0x20,0x60,0x0F,0x00,0x00,0x00,0x07,0x80,0x20,
0x20,0x00,0x00,0x00,0x00,0x00,0x00,0x60,0x30,0x00,0x00,0x00,0x00,0x00,0x00,0x40,
0x18,0x00,0x00,0x00,0x00,0x00,0x00,0xC0,0x0C,0x00,0x00,0x00,0x00,0x00,0x01,0x80,
0x07,0x00,0x00,0x00,0x00,0x00,0x06,0x00,0x03,0xFF,0xFF,0xFF,0xFF,0xFF,0xFC,0x00,
0x00,0x1F,0xFF,0xFF,0xFF,0xFF,0x80,0x00,
};
static const unsigned char PROGMEM liu[  ] = {
  0x00,0x00,0x00,0x00,0x00,0x00,0x00,0x00,0x00,0x00,0x00,0x00,0x00,0x00,0x00,0x00,
0x01,0xFF,0xFF,0xFF,0xFF,0xFF,0xF8,0x00,0x07,0x00,0x00,0x00,0x00,0x00,0x0E,0x00,
0x0C,0x00,0x00,0x00,0x00,0x00,0x03,0x00,0x18,0x00,0x00,0x00,0x00,0x00,0x01,0x80,
0x30,0x00,0x00,0x00,0x00,0x00,0x00,0x80,0x20,0x07,0x00,0x00,0x00,0x07,0x00,0xC0,
0x20,0x1F,0xC0,0x00,0x00,0x1F,0xC0,0x40,0x60,0x7F,0xE0,0x00,0x00,0x3F,0xE0,0x40,
0x60,0x7F,0xF0,0x00,0x00,0x7F,0xF0,0x60,0x60,0xFF,0xF0,0x00,0x00,0xFF,0xF0,0x60,
0x60,0xFF,0xF8,0x00,0x00,0xFF,0xF8,0x60,0x60,0xFF,0xF8,0x00,0x00,0xFF,0xF8,0x60,
0x60,0xFF,0xF8,0x00,0x00,0xFF,0xF8,0x60,0x60,0xFF,0xF8,0x00,0x00,0xFF,0xF8,0x60,
0x60,0xFF,0xF0,0x00,0x00,0xFF,0xF0,0x60,0x60,0x7F,0xF0,0x00,0x00,0x7F,0xF0,0x60,
0x60,0x3F,0xE0,0x00,0x00,0x3F,0xE0,0x60,0x60,0x1F,0x80,0x00,0x00,0x1F,0x80,0x60,
0x60,0x00,0x00,0x00,0x00,0x00,0x00,0x60,0x60,0x00,0x00,0x00,0x00,0x00,0x00,0x60,
0x60,0x00,0x00,0x00,0x00,0x00,0x00,0x60,0x60,0x07,0x00,0x00,0x00,0x07,0x00,0x60,
0x60,0x1F,0xC0,0x00,0x00,0x1F,0xC0,0x60,0x60,0x7F,0xE0,0x00,0x00,0x3F,0xE0,0x60,
0x60,0x7F,0xF0,0x00,0x00,0x7F,0xF0,0x60,0x60,0xFF,0xF0,0x00,0x00,0xFF,0xF0,0x60,
0x60,0xFF,0xF8,0x00,0x00,0xFF,0xF8,0x60,0x60,0xFF,0xF8,0x00,0x00,0xFF,0xF8,0x60,
```

```
0x60,0xFF,0xF8,0x00,0x00,0xFF,0xF8,0x60,0x60,0xFF,0xF8,0x00,0x00,0xFF,0xF8,0x60,
0x60,0xFF,0xF0,0x00,0x00,0xFF,0xF0,0x60,0x60,0x7F,0xF0,0x00,0x00,0x7F,0xF0,0x60,
0x60,0x3F,0xE0,0x00,0x00,0x3F,0xE0,0x60,0x60,0x1F,0x80,0x00,0x00,0x1F,0x80,0x60,
0x60,0x00,0x00,0x00,0x00,0x00,0x00,0x60,0x60,0x00,0x00,0x00,0x00,0x00,0x00,0x60,
0x60,0x00,0x00,0x00,0x00,0x00,0x00,0x60,0x60,0x07,0x00,0x00,0x00,0x07,0x00,0x60,
0x60,0x1F,0xC0,0x00,0x00,0x1F,0xC0,0x60,0x60,0x3F,0xE0,0x00,0x00,0x3F,0xE0,0x60,
0x60,0x7F,0xF0,0x00,0x00,0x7F,0xF0,0x60,0x60,0xFF,0xF0,0x00,0x00,0xFF,0xF0,0x60,
0x60,0xFF,0xF8,0x00,0x00,0xFF,0xF8,0x60,0x60,0xFF,0xF8,0x00,0x00,0xFF,0xF8,0x60,
0x60,0xFF,0xF8,0x00,0x00,0xFF,0xF8,0x60,0x60,0xFF,0xF8,0x00,0x00,0xFF,0xF8,0x60,
0x60,0xFF,0xF0,0x00,0x00,0xFF,0xF0,0x60,0x60,0x7F,0xF0,0x00,0x00,0x7F,0xF0,0x60,
0x60,0x3F,0xE0,0x00,0x00,0x3F,0xE0,0x60,0x60,0x1F,0x80,0x00,0x00,0x1F,0x80,0x40,
0x20,0x00,0x00,0x00,0x00,0x00,0x00,0x40,0x30,0x00,0x00,0x00,0x00,0x00,0x00,0xC0,
0x10,0x00,0x00,0x00,0x00,0x00,0x01,0x80,0x18,0x00,0x00,0x00,0x00,0x00,0x01,0x00,
0x0E,0x00,0x00,0x00,0x00,0x00,0x06,0x00,0x03,0xC0,0x00,0x00,0x00,0x00,0x1C,0x00,
0x00,0xFF,0xFF,0xFF,0xFF,0xFE,0xE0,0x00,
};
void setup( )
{
  Wire.begin( );  // 启动 I2C 通信
  // 初始化 OLED
  if (!display.begin(SSD1306_SWITCHCAPVCC, OLED_ADDRESS))
  {
    Serial.println(F("SSD1306 初始化失败 "));
    for (;;)
      ;
  }
  display.setTextSize(1);  // 设置显示字体大小
  Serial.begin(9600);
  randomSeed(analogRead(0));  // 随机种子
  attachInterrupt(0, zd, RISING);  // 由低变高触发中断
  display.clearDisplay( );  // 清屏
  display.setCursor(30, 30);                    // 设置显示位置
  display.setTextColor(SSD1306_WHITE);          // 设置字体颜色为白色
  display.println("Play   Games");  // 显示内容
  display.display( );         // 开显示
  //display.clearDisplay( );  // 清屏
}
void loop( )
{
  Serial.print(" 随机数 :");
  Serial.println(x);
  delay(200);

  switch (x) {
```

```
    case 1:
      display.clearDisplay( );
      display.drawBitmap(20, 0, yi, 60, 58, SSD1306_WHITE); // 可将 SSD1306_WHITE 位置
写为 1
      display.display( );
      delay(100);
      break;
    case 2:
      display.clearDisplay( );
      display.drawBitmap(5, 0, er, 60, 58, SSD1306_WHITE);
      display.display( );
      delay(100);
      break;
    case 3:
      display.clearDisplay( );
      display.drawBitmap(30, 0, san, 60, 58, SSD1306_WHITE);
      display.display( );
      delay(100);

      break;
    case 4:
      display.clearDisplay( );
      display.drawBitmap(35, 0, si, 60, 60, SSD1306_WHITE);
      display.display( );
      //delay(3000);

      break;
    case 5:
      display.clearDisplay( );
      display.drawBitmap(5, 0, wu, 60, 59, SSD1306_WHITE);
      display.display( );
      //delay(3000);

      break;
    case 6:
      display.clearDisplay( );
      display.drawBitmap(25, 0, liu, 60, 59, SSD1306_WHITE);
      display.display( );
      //delay(3000);

      break;
    default:
      break;
```

```
  }
}
void zd(  )  //中断函数
{
  x = random(1, 7);  //产生随机函数
}
```

项目28 解锁遥控按键值之谜

本项目采用的 IRremote 库文件版本为 4.4.1。通过遥控接收头读取遥控按键信息，控制三个 LED 的点亮与熄灭，并在串口及 LCD1602 显示屏上实时显示相关按键值信息。见图 4-28-1。

扫码看视频讲解

图4-28-1 完成效果图

注意该库文件版本与之前版本的函数使用有较大差异。

· 实现效果

按压遥控器数字 1，红色 LED 点亮，同时在 LCD 显示按键值。按压遥控器数字 2，黄色 LED 点亮，同时在 LCD 显示按键值。按压遥控器数字 3，绿色 LED 点亮，同时在 LCD 显示按键值。

· 工作原理

遥控器发射红外信号，当接收器接收到这些信号后，程序会对其进行处理，解码出按键值。根据程序中判断关系，执行相应的功能操作（控制 LED 点亮与熄灭，显示屏上显示按键值信息）。

· 所需器材

见表 4-28-1。

表4-28-1　所需器材一览表

序号	名称	规格	数量	序号	名称	规格	数量
1	遥控接收头	—	1	4	遥控器	—	1
2	液晶显示屏	LCD1602（I^{2}C）	1	5	发光二极管	5mm	1
3	电阻	220欧	1	6	红绿灯模块	—	1

1. 遥控接收头

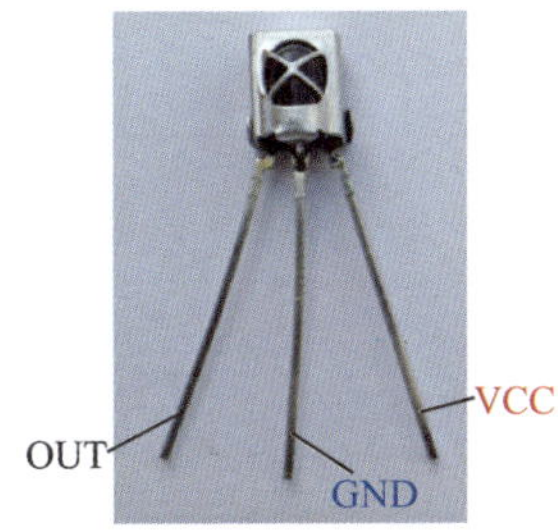

图4-28-2　一款遥控接收头

红外线通信是比较常见的一种通信方式，家用电器的遥控器大多数采用红外遥控，比如电视机、机顶盒、空调等。如图 4-28-2 所示的红外接收头，引脚从左到右依次是信号输出 OUT、GND、VCC。本节硬件电路非常简单，就是直接将遥控接收头插在 Arduino 的主板上。

2. 遥控器

图4-28-3　遥控器

红外发射和接收的信号是一连串脉冲码。图 4-28-3 是电子制作中常用的遥控器，遥控器发出的是红外光，是肉眼无法看见的，但是可以用手机的照相功能简单检测它的好坏，按压遥控器按键的同时，镜头对准红外发射头，能看到闪闪发光的，就是好的。

• 电路图

如图 4-28-4。

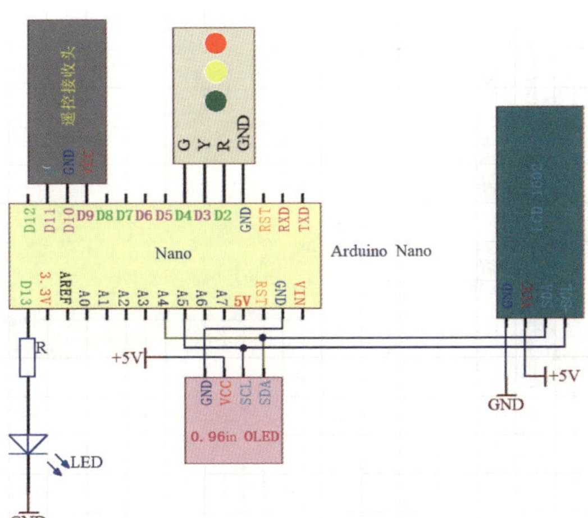

图4-28-4　电路图

• 硬件连接

见表 4-28-2～表 4-28-4。

表 4-28-2　Arduino Nano 与遥控接收头连接

序号	Arduino Nano	功能	遥控接收头	功能
1	D9	模拟正极	VCC	电源正极
2	D10	模拟负极	GND	负极
3	D11	数字引脚	DQ	数据传输

表 4-28-3　Arduino Nano 与 LCD 1602（I^2C）连接

序号	Arduino Nano	功能	LCD1602（I^2C）	功能
1	GND	负极	GND	负极
2	5V	电源	VCC	电源正极
3	A5	SCL	SCL	时钟引脚
4	A4	SDA	SDA	数据引脚

表 4-28-4　Arduino Nano 与红绿灯模块连接

序号	Arduino Nano	功能	红绿灯模块	功能
1	GND	负极	GND	负极
2	D2	数字引脚	红色	红色LED
3	D3	数字引脚	黄色	黄色LED
4	D4	数字引脚	绿色	绿色LED

蓝色 LED 通过 220Ω 电阻串联在 D13 与 GND 之间。参考电路图或布局图。

• 器材布局

如图 4-28-5。

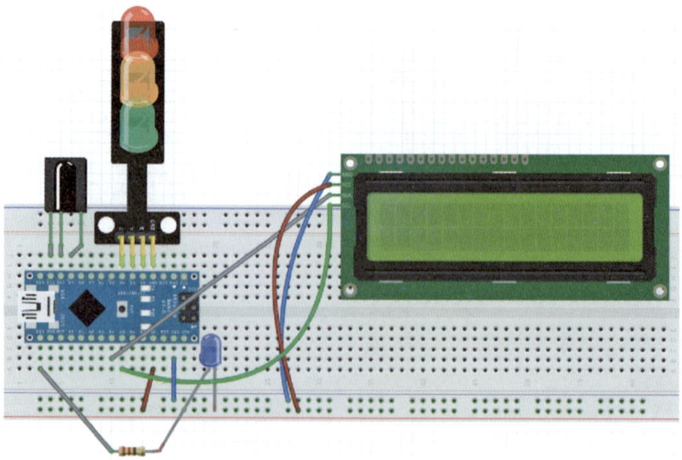

图4-28-5　布局示意图

• 实物布局

如图 4-28-6。

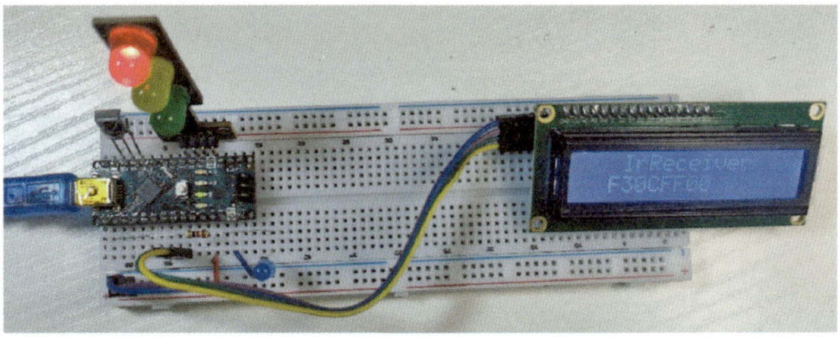

图4-28-6　实物布局图

• 程序编写

1. 安装 IRremote 库文件

见图 4-28-7。

图4-28-7　安装IRremote库文件

2. 编写程序

```
#include <IRremote.h> // 头文件
#include <Wire.h> // 调用 I2C 库文件
#include <LCDI2C_Multilingual.h>
LCDI2C_Generic lcd(0x27, 16, 2);   // 规格 16×2
void setup( )
{
    pinMode(2,OUTPUT);// 红色 LED
    pinMode(3,OUTPUT);// 黄色 LED
    pinMode(4,OUTPUT);// 绿色 LED
    IrReceiver.begin(11, 13);//11 引脚为遥控接收引脚，13 引脚为状态指示
    Serial.begin(9600);

    pinMode(9,OUTPUT);
    pinMode(10,OUTPUT);
    digitalWrite(9,HIGH);// 模拟电源正极
    digitalWrite(10,LOW);// 模拟电源负极

    lcd.init( );// 初始化 LCD
    lcd.backlight( );// 点亮背光
    lcd.print("Welcome to      ");
    lcd.setCursor(0, 1);// 光标移动到第 2 行的第 1 个字符
    lcd.print("     fsm studio");
```

```
        delay(3000);
        lcd.clear( );//LCD1602 清屏
        lcd.setCursor(0, 0);// 光标移动到第 1 行的第 1 个字符开始显示
        lcd.print("    IrReceiver");
    }
    void loop( )
    {
        if (IrReceiver.decode( )) // 判断是否有数据
        {
         Serial.println(IrReceiver.decodedIRData.decodedRawData,HEX);// 十六进制打印按键数值
         IrReceiver.printIRResultShort(&Serial);// 在串行监视器上打印接收到的红外信号结果
         Serial.println(IrReceiver.decodedIRData.command, HEX);// 十六进制打印命令数值
         lcd.setCursor(2, 1);
         lcd.print(IrReceiver.decodedIRData.decodedRawData,HEX);

         if(IrReceiver.decodedIRData.decodedRawData==0XF30CFF00)// 按压遥控器 "1"，打开
红色 LED
           {
             digitalWrite(2,HIGH);digitalWrite(3,LOW);digitalWrite(4,LOW);
           }
          else if(IrReceiver.decodedIRData.decodedRawData==0xE718FF00)// 按压遥控器 "2"，
打开黄色 LED
           {
             digitalWrite(2,LOW);digitalWrite(3,HIGH);digitalWrite(4,LOW);
           }
          else if(IrReceiver.decodedIRData.decodedRawData==0xA15EFF00)// 按压遥控器 "3"，
打开绿色 LED
           {
             digitalWrite(2,LOW);digitalWrite(3,LOW);digitalWrite(4,HIGH);
           }
          else // 按压其他按键，熄灭 LED
           {
           digitalWrite(2,LOW);digitalWrite(3,LOW);digitalWrite(4,LOW);
           }
           IrReceiver.resume( ); // 恢复接收状态
        }
        delay(200);
    }
```

• 程序解析

```
if (IrReceiver.decode( ))
```

返回一个布尔值（true 或 false）。如果返回 true，那么 if 语句内的代码块将会被执行。如果返回 false，那么 if 语句内的代码块不会被执行，表示解码失败。

项目29　智能遥控调速风扇

制作智能遥控调速风扇是一个创意十足的 Arduino 项目，其结合了红外遥控接收头和电机驱动模块，能够轻松实现风扇速度的自由调节。见图 4-29-1。

图4-29-1　完成效果图

扫码看视频讲解

· 实现效果

项目中设计 WS2812 灯带增加视觉效果。按压遥控“1”，风速“1”挡，同时红色 LED 点亮；按压遥控“2”，风速“2”挡，同时红色 LED、黄色 LED 点亮；按压遥控“3”，风速“3”挡，同时红色 LED、黄色 LED、绿色 LED 点亮；按压遥控“0”，风扇停止转动，LED 全部熄灭。

· 工作原理

遥控接收头接收到红外信号后，程序会解析信号并计算相应的 PWM 值，并通过数字接口输出控制电机的转速。与此同时程序根据电机转速挡位控制 LED 显示不同的颜色。

· 所需器材

见表 4-29-1。

表 4-29-1　所需器材一览表

序号	名称	规格	数量	序号	名称	规格	数量
1	遥控接收头	—	1	5	发光二极管	5mm	1
2	电机驱动模块	L9110	1	6	红绿灯模块	—	1
3	电阻	220Ω	1	7	WS2812	8位	1
4	遥控器	—	1	8	电机	5V	1

L9110 电机驱动模块广泛应用于小型机器人、智能小车等电机驱动解决方案。

模块供电电压 2.5～12V。黑色端子引脚说明见表 4-29-2。绿色端子是 H 桥驱动输出的两个引脚，用于直接驱动电机。使用功能说明见表 4-29-3。L9110 电机驱动模块见图 4-29-2。

表 4-29-2　黑色端子引脚名称（从左到右）

B-1A	B-1B	GND	VCC	A-1A	A-1B
外接单片机IO	外接单片机IO	电源负极	电源正极	外接单片机IO	外接单片机IO

表 4-29-3　绿色端子使用功能说明

A-1A输入高电平	A-1B输入低电平	A电机正转
A-1A输入低电平	A-1B输入高电平	A电机反转
B-1A输入高电平	B-1B输入低电平	B电机正转
B-1A输入低电平	B-1B输入高电平	B电机反转

图4-29-2　L9110电机驱动模块

当输入两个引脚全部为低电平，电机停止转动。

当引脚接到 Arduino　PWM 引脚就可以控制电机速度，具体看程序设计。

H 桥电路中一般使用三极管或者场效应管代替，本电路图中使用开关进行分析，如图 4-29-3。

通过程序控制，当开关 S1 与 S4 闭合后，电流从正极流经 S1、电机 A 端子、电机 B 端子、S4 到负极实现电机正转；当开关 S3 与 S2 闭合后，电流从正极流经 S3、电机 B 端子、电机 A 端子、S2 到负极实现电机反转。

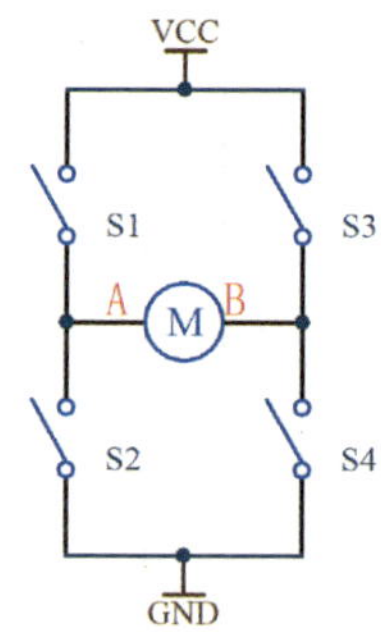

图4-29-3　H桥示意图

· **电路图**

如图 4-29-4。

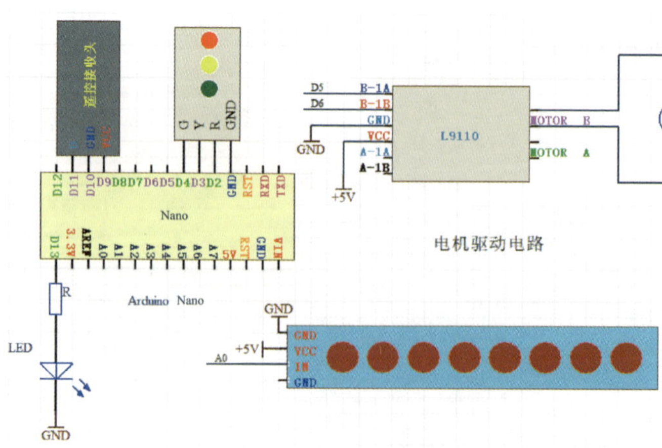

图4-29-4　电路图

· 硬件连接

硬件连接见表 4-29-4～表 4-29-7。

表 4-29-4　Arduino Nano 与遥控接收头连接

序号	Arduino Nano	功能	遥控接收头	功能
1	D9	模拟正极	VCC	电源正极
2	D10	模拟负极	GND	负极
3	D11	数字引脚	DQ	数据传输

表 4-29-5　Arduino Nano 与红绿灯模块连接

序号	Arduino Nano	功能	红绿灯模块	功能
1	GND	负极	GND	负极
2	D2	数字引脚	红色	红色LED
3	D3	数字引脚	黄色	黄色LED
4	D4	数字引脚	绿色	绿色LED

表 4-29-6　Arduino Nano 与 WS2812 连接

序号	Arduino Nano	功能	WS2812	功能
1	A0	模拟接口（使用数字功能）	IN	控制信号输入
2	GND	负极	GND	负极
3	5V	电源	VCC	电源

表 4-29-7　Arduino Nano 与 L9110 电机驱动模块连接

序号	Arduino Nano	功能	L9110电机驱动模块	功能
1	D5	数字接口	B-1B	电机控制输入
2	D6	数字接口（PWM）	B-1A	电机控制输入
3	GND	负极	GND	负极
4	5V	电源	VCC	电源

· 器材布局

如图 4-29-5。

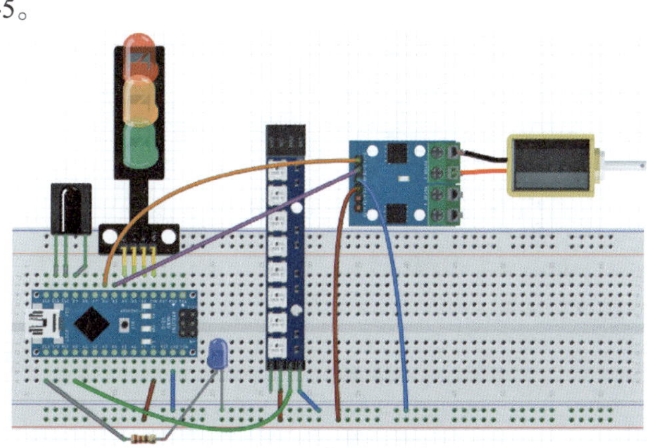

图4-29-5　布局示意图

• 实物布局

如图 4-29-6。

图4-29-6 实物布局图

• 程序编写

```
#include <IRremote.h> // 头文件
#include <FastLED.h>   // 库文件
#define NUM_LEDS 8      // 灯带 LED 的数量
#define DATA_PIN 14     // 控制灯带数字接口
CRGB leds[NUM_LEDS];   // 建立光带 LED

int beginHue = 0;          // 定义变量，在 fill_rainbow 函数中使用
#define BRIGHTNESS 30  // 设置 LED 的亮度，最大值是 255

void setup(   )
{
    pinMode(2,OUTPUT);// 红色 LED
    pinMode(3,OUTPUT);// 黄色 LED
    pinMode(4,OUTPUT);// 绿色 LED
    IrReceiver.begin(11, 13);//11 引脚为遥控接收引脚，13 引脚为状态指示
    Serial.begin(9600);

    pinMode(5,OUTPUT); // 电机驱动引脚
    pinMode(6,OUTPUT); // 电机驱动引脚
    digitalWrite(5,LOW);digitalWrite(6,LOW); // 初始化为低电平

    pinMode(9,OUTPUT);
    pinMode(10,OUTPUT);
    digitalWrite(9,HIGH);// 模拟电源正极
    digitalWrite(10,LOW);// 模拟电源负极

    FastLED.addLeds<WS2812, DATA_PIN, GRB>(leds, NUM_LEDS);
    FastLED.setBrightness(BRIGHTNESS);
}
```

```
void loop( )
{
    if (IrReceiver.decode( )) // 判断是否有数据
    {
     Serial.println(IrReceiver.decodedIRData.decodedRawData,HEX);// 十六进制打印按键数值
     IrReceiver.printIRResultShort(&Serial);// 在串行监视器上打印接收到的红外信号结果
     Serial.println(IrReceiver.decodedIRData.command, HEX);// 十六进制打印命令数值

     if(IrReceiver.decodedIRData.decodedRawData==0XF30CFF00)//
       {
         analogWrite(6, 40); digitalWrite(5,LOW);// 风扇 1 挡位
         digitalWrite(2,HIGH);digitalWrite(3,LOW);digitalWrite(4,LOW);// 红色 LED 点亮
       }
      else if(IrReceiver.decodedIRData.decodedRawData==0xE718FF00)
       {
         analogWrite(6, 127); digitalWrite(5,LOW);// 风扇 2 挡位
         digitalWrite(2,HIGH);digitalWrite(3,HIGH);digitalWrite(4,LOW);// 红色 LED、黄色 LED
点亮
       }
      else if(IrReceiver.decodedIRData.decodedRawData==0xA15EFF00)
       {
         analogWrite(6, 255); digitalWrite(5,LOW); // 风扇 3 挡位
         digitalWrite(2,HIGH);digitalWrite(3,HIGH);digitalWrite(4,HIGH);// 红 色 LED、 黄 色 LED、
绿色 LED 点亮
       }
      else if(IrReceiver.decodedIRData.decodedRawData==0xE916FF00)
       {
         analogWrite(6, 0); digitalWrite(5,LOW);// 关闭风扇
         digitalWrite(2,LOW);digitalWrite(3,LOW);digitalWrite(4,LOW);// 熄灭所有 LED
       }
       IrReceiver.resume( ); // 恢复接收状态
    }
    delay(100);
    fillrainbow( );// 调用函数
}
void fillrainbow( )   // 动态变化的彩虹色，通过 beginHue++，逐渐改变色条起始数值
{
  //beginHue++;
  beginHue=beginHue+5;
  if (beginHue > 256) beginHue = 0;
  fill_rainbow(leds, 8, beginHue, 10);
  FastLED.show( );
  delay(1);
}
```

项目30 步进电机应用

步进电机是将电脉冲信号转化为角位移的一种转动机构。当步进电机接收到一个电脉冲信号，将转动一个固定的角度；通过控制脉冲的频率来控制转动速度；改变绕组通电的先后顺序，可以实现步进电机的正反转。步进电机多用于 3D 打印机、机器人等需要精确控制的设备。由于 Arduino Nano 的 I/O 输出电流有限，一般需要增加驱动电路，驱动五线四相减速步进电机。见图 4-30-1。

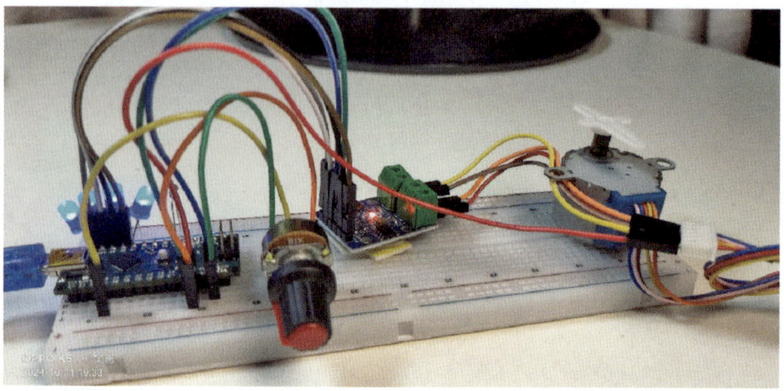

扫码看视频讲解

图4-30-1　完成效果图

• 实现效果

步进电机能够实现正反转，其转动速度可通过电位器进行控制。此外，该电路设计了 4 个 LED 指示灯，能够直观地展示步进电机的相序工作情况。

• 工作原理

Arduino 数字接口引脚输出控制信号，将其与步进电机的驱动模块连接，通过驱动程序控制步进电机的转动。数字引脚的高低电平，可以控制步进电机的转动方向和步进数。

• 所需器材

见表 4-30-1。

表 4-30-1　所需器材一览表

序号	名称	规格	数量
1	发光二极管	5mm	4
2	电机驱动模块	L9110	1
3	电阻	220Ω	1
4	电位器	1kΩ	1
5	电机	28BYJ-48	1

步进电机的型号是28BYJ-48，是一款五线四相步进电机，工作电压5V，减速比为1/64。如图4-30-2。

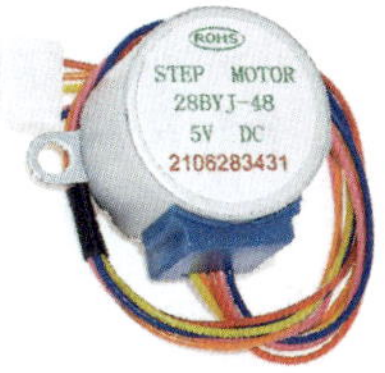

图4-30-2 步进电机

· 电路图

如图4-30-3。

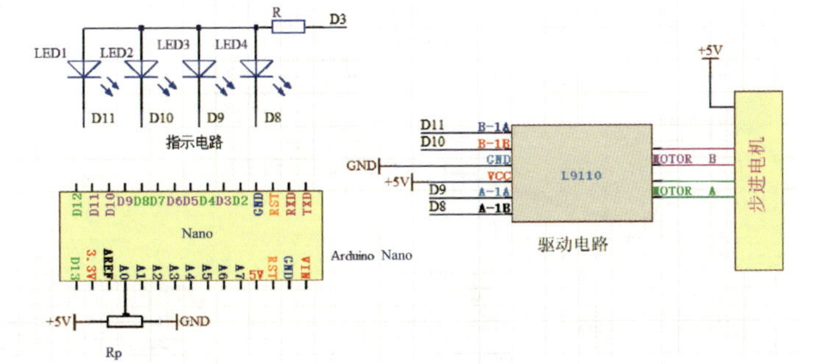

图4-30-3 电路图

· 硬件连接

见表4-30-2～表4-30-4。

表4-30-2 Arduino Nano与L9110电机驱动模块连接

序号	Arduino Nano	功能	L9110电机驱动模块	功能
1	D8	数字接口	A-1B	电机控制输入
2	D9	数字接口	A-1A	电机控制输入
3	D10	数字接口	B-1B	电机控制输入
4	D11	数字接口	B-1A	电机控制输入
5	GND	负极	GND	负极
6	5V	电源	VCC	电源

表4-30-3 Arduino Nano与电位器连接

序号	Arduino Nano	功能	电位器	功能
1	+5V	正极	边缘端	与Arduino正极连接
2	GND	负极	边缘端	与Arduino负极连接
3	A0	模拟量输入	中间引脚	Arduino与模拟接口A0连接

表4-30-4 L9110电机驱动模块与步进电机（步进电机红色线接电源正极）连接

序号	L9110电机驱动模块	功能	步进电机	功能
1	A Motor1	输出	蓝色线	输入
2	A Motor2	输出	粉色线	输入
3	B Motor1	输出	黄色线	输入
4	B Motor2	输出	橙色线	输入

电机驱动板端子见图 4-30-4。

四个蓝色 LED 分别与 D8～D11 数字接口相连，D3 模拟电源正极。该电路简单，参照布局图。

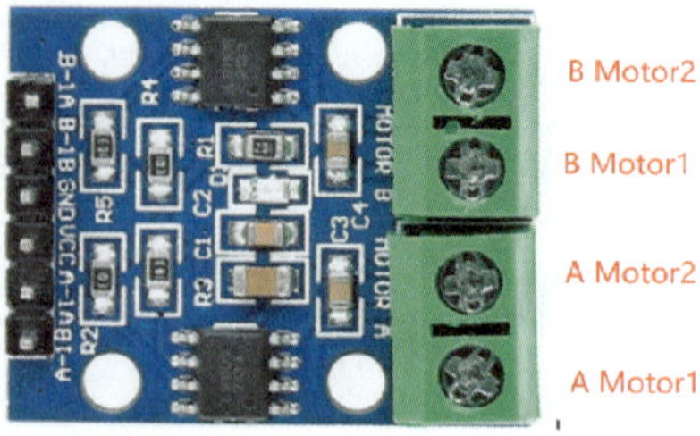

图4-30-4　电机驱动板端子

· 器材布局

如图 4-30-5。

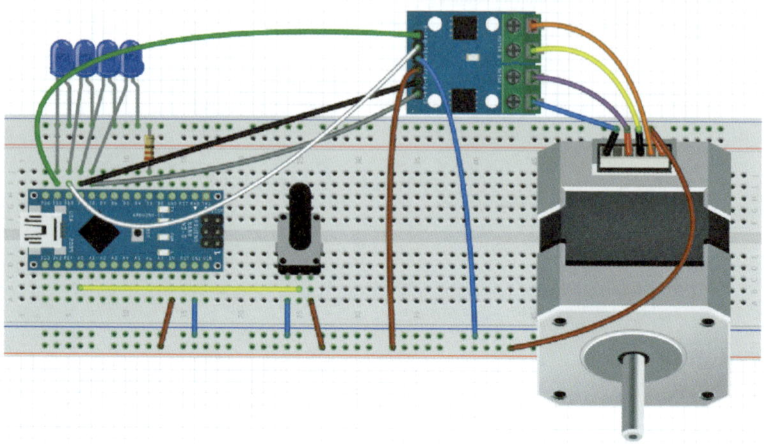
图4-30-5　布局示意图

· 实物布局

如图 4-30-6。

图4-30-6　实物布局图

· 程序编写

```
int IN1 = 8;
int IN2 = 9;
int IN3 = 10;
int IN4 = 11;
void setup( )
{
  Serial.begin(9600);
  for (int i= 8; i<12; i++)
```

```
  {
    pinMode(i, OUTPUT);
  }
  pinMode(3, OUTPUT);
  digitalWrite(3, HIGH);
}
void loop(   )
{
  int val = analogRead(A0);  //A0 连接电位器中间引脚
  Serial.print(" 模拟量 val:");
  Serial.println(val);
  int t = map(val, 0, 1023, 5, 50);   //map 函数
  Serial.print(" 模拟量 t:");
  Serial.println(t);
  for (int i = 0; i<=512; i++)
  {
    digitalWrite(IN1, HIGH);digitalWrite(IN2, LOW);
    digitalWrite(IN3, LOW);digitalWrite(IN4, LOW);
    delay(t);
    digitalWrite(IN1, LOW);digitalWrite(IN2, HIGH);
    digitalWrite(IN3, LOW);digitalWrite(IN4, LOW);
    delay(t);
    digitalWrite(IN1, LOW);digitalWrite(IN2, LOW);
    digitalWrite(IN3, HIGH);digitalWrite(IN4, LOW);
    delay(t);
    digitalWrite(IN1, LOW);digitalWrite(IN2, LOW);
    digitalWrite(IN3, LOW);digitalWrite(IN4, HIGH);
    delay(t);
  }
  for (int i=0; i<=512; i++)
  {
    digitalWrite(IN1, LOW);digitalWrite(IN2, LOW);
    digitalWrite(IN3, LOW);digitalWrite(IN4, HIGH);
    delay(t);
    digitalWrite(IN1, LOW);digitalWrite(IN2, LOW);
    digitalWrite(IN3, HIGH);digitalWrite(IN4, LOW);
    delay(t);
    digitalWrite(IN1, LOW);digitalWrite(IN2, HIGH);
    digitalWrite(IN3, LOW);digitalWrite(IN4, LOW);
    delay(t);
    digitalWrite(IN1, HIGH);digitalWrite(IN2, LOW);
    digitalWrite(IN3, LOW);digitalWrite(IN4, LOW);
    delay(t);
  }
}
```

项目31 模拟微型气象站

微型气象站是一个集成了多种传感器的小型系统，用于实时监测气候条件和记录环境参数，如温度、湿度、风速等。见图 4-31-1。

扫码看视频讲解

图4-31-1 完成效果图

· 实现效果

实时显示环境温湿度，并根据风量大小在OLED显示屏上动态显示相应级别，同时根据雨量大小调整雨滴图标。

· 工作原理

DHT11 传感器负责采集环境温湿度，风扇转动模拟风量，其模拟信号由 Arduino 的 A1 接口获取；同时，雨水传感器检测雨水量，模拟信号由 A0 接口采集。这些信息经过程序处理后，在 OLED 屏幕上实时显示。

· 所需器材

见表 4-31-1。

当雨水传感器感应板上无水滴时，DO 输出高电平指示灯熄灭；一旦有水滴落下，DO 输出低电平，使指示灯亮起。如图 4-31-2。

表 4-31-1 所需器材一览表

序号	名称	规格	数量
1	雨水传感器	—	1
2	温湿度传感器	DHT11	1
3	电机	5V	1
4	电阻	10kΩ	1
5	OLED	0.96in	1

图4-31-2 雨水传感器模块

· 电路图

如图 4-31-3。

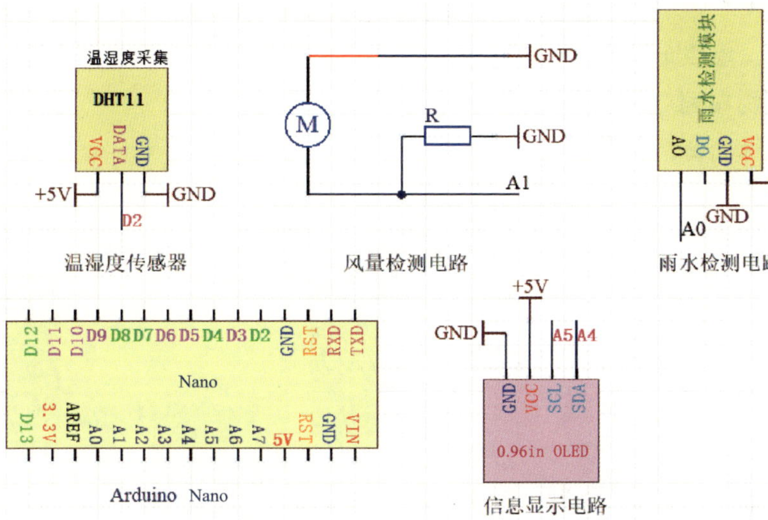

图4-31-3　电路图

・硬件连接

见表 4-31-2～表 4-31-4。

表 4-31-2　Arduino Nano与雨水传感器模块连接

序号	Arduino Nano	功能	雨水传感器模块	功能
1	+5V	正极	VCC	正极
2	GND	负极	GND	负极
3	A0	模拟量输入	AO	Arduino与模拟接口A0连接

表 4-31-3　Arduino Nano 与 OLED 连接

序号	Arduino Nano	功能	OLED	功能
1	GND	负极	GND	负极
2	5V	电源	VCC	电源
3	A5	SCL	SCL	时钟引脚
4	A4	SDA	SDA	数据引脚

表 4-31-4　Arduino Nano 与 DHT11 连接

序号	Arduino Nano	功能	DHT11	功能
1	GND	负极	GND	负极
2	5V	电源	VCC	电源
3	D2	数字引脚	DATA(或者S)	数据引脚

电机转动模拟风量大小，当对着电机风叶吹风时，在电机两条引线之间产生电压，风越大，电压越大。本项目需要注意，电机正极（红色线）与电源负极连

接，电机另一条引线（黑线）接 Arduino Nano 模拟 A1 引脚，该引脚同时接 10kΩ 下拉电阻。参照布局图或电路图。

· 器材布局

如图 4-31-4。

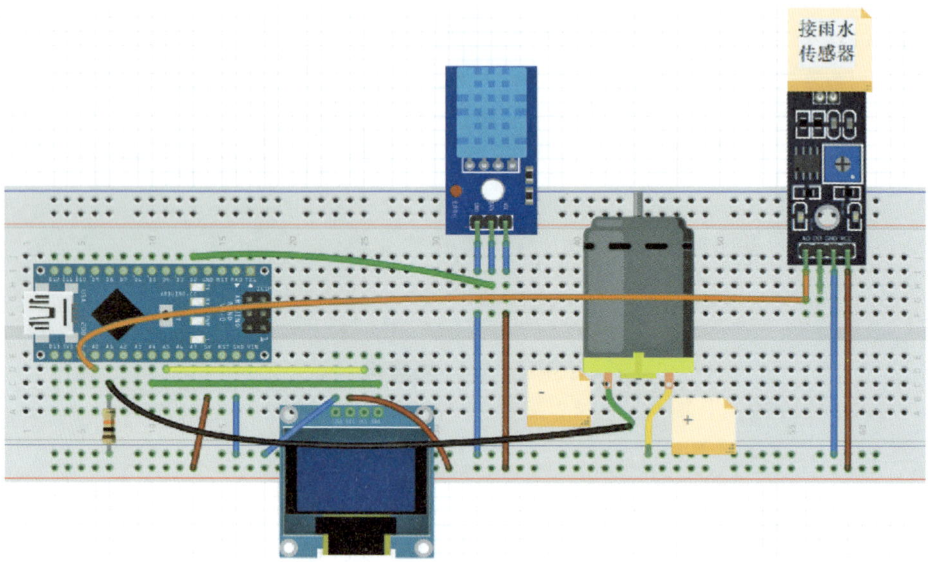

图4-31-4　布局示意图

· 实物布局

如图 4-31-5。

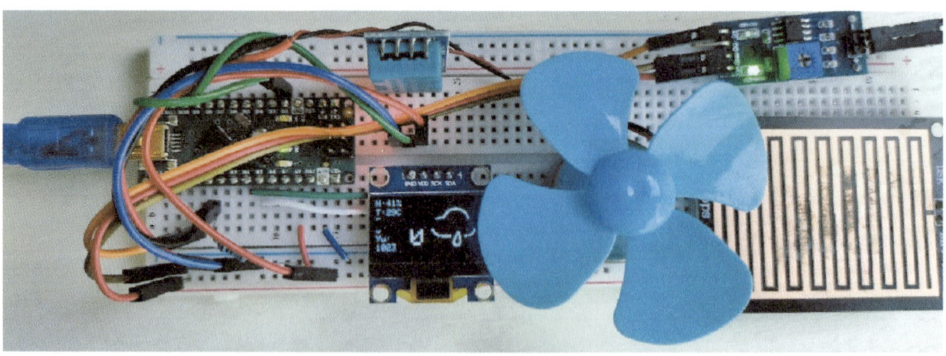

图4-31-5　实物布局图

· 程序编写

```
#include <Wire.h>  //调用 I2C 库文件
#include <Adafruit_GFX.h>
```

```
#include <Adafruit_SSD1306.h>
#define SCREEN_WIDTH 128    // OLED 屏幕宽度
#define SCREEN_HEIGHT 64    // OLED 屏幕高度
#define OLED_ADDRESS 0x3C   // OLED-I²C 地址
Adafruit_SSD1306 display(SCREEN_WIDTH, SCREEN_HEIGHT, &Wire, OLED_ADDRESS);
int feng;
int yu;
#include <DHT11.h>  // 调用 DHT11 温湿传感器库文件
DHT11 dht11(2);       //DHT11 定义传感器数据 I/O 引脚
static const unsigned char PROGMEM xiaoyu [ ] = // 小雨图案
  {
    0x00,0x00,0x00,0x00,0x00,0x00,0x00,0x00,0x00,0x00,0x00,0x00,0x00,0x00,0x00,0x00,
0x00,0x00,0x00,0x00,0x00,0x00,0x00,0x00,0x00,0x00,0x00,0x01,0xE0,0x00,0x00,0x00,
0x00,0x00,0x00,0x1F,0xFE,0x00,0x00,0x00,0x00,0x00,0x00,0x7F,0xFF,0x80,0x00,0x00,
0x00,0x00,0x01,0xF0,0x03,0xE0,0x00,0x00,0x00,0x00,0x03,0xC0,0x00,0xF0,0x00,0x00,
0x00,0x00,0x07,0x80,0x00,0x78,0x00,0x00,0x00,0x00,0x0F,0x00,0x00,0x1C,0x00,0x00,
0x00,0x00,0x1E,0x00,0x00,0x0C,0x00,0x00,0x00,0x00,0x1C,0x00,0x00,0x0E,0x00,0x00,
0x00,0x00,0x38,0x00,0x00,0x06,0x00,0x00,0x00,0x03,0xF8,0x00,0x00,0x03,0x00,0x00,
0x00,0x1F,0xF0,0x00,0x00,0x03,0x00,0x00,0x00,0x7C,0x00,0x00,0x00,0x03,0x80,0x00,
0x00,0xF0,0x00,0x00,0x00,0x03,0xC0,0x00,0x01,0xE0,0x00,0x00,0x00,0x03,0xF0,0x00,
0x01,0xC0,0x00,0x00,0x00,0x00,0xF8,0x00,0x03,0x80,0x00,0x00,0x00,0x00,0x3C,0x00,
0x03,0x00,0x00,0x00,0x00,0x00,0x0E,0x00,0x07,0x00,0x00,0x00,0x00,0x00,0x07,0x00,
0x06,0x00,0x00,0x00,0x00,0x00,0x07,0x00,0x06,0x00,0x00,0x00,0x00,0x00,0x03,0x00,
0x06,0x00,0x00,0x00,0x00,0x00,0x03,0x00,0x06,0x00,0x00,0x00,0x00,0x00,0x03,0x80,
0x06,0x00,0x00,0x00,0x00,0x00,0x03,0x80,0x07,0x00,0x00,0x00,0x00,0x00,0x03,0x00,
0x07,0x00,0x00,0x00,0x00,0x00,0x03,0x00,0x03,0x00,0x00,0x00,0x00,0x00,0x07,0x00,
0x03,0x80,0x00,0x00,0x18,0x00,0x07,0x00,0x01,0xC0,0x00,0x00,0x3C,0x00,0x0E,0x00,
0x00,0xF0,0x00,0x00,0x3C,0x00,0x1C,0x00,0x00,0x78,0x00,0x00,0x7C,0x00,0x78,0x00,
0x00,0x3F,0xFF,0xF0,0xEC,0x1F,0xF0,0x00,0x00,0x0F,0xFF,0xF0,0xEE,0x1F,0xC0,0x00,
0x00,0x00,0x7F,0xE1,0xCE,0x1C,0x00,0x00,0x00,0x00,0x00,0x01,0xCE,0x00,0x00,0x00,
0x00,0x00,0x00,0x03,0x8E,0x00,0x00,0x00,0x00,0x00,0x00,0x03,0x86,0x00,0x00,0x00,
0x00,0x00,0x00,0x03,0x06,0x00,0x00,0x00,0x00,0x00,0x00,0x07,0x06,0x00,0x00,0x00,
0x00,0x00,0x00,0x07,0x06,0x00,0x00,0x00,0x00,0x00,0x00,0x07,0x0E,0x00,0x00,0x00,
0x00,0x00,0x00,0x03,0x9C,0x00,0x00,0x00,0x00,0x00,0x00,0x03,0xFC,0x00,0x00,0x00,
0x00,0x00,0x00,0x01,0xF8,0x00,0x00,0x00,0x00,0x00,0x00,0x00,0x40,0x00,0x00,0x00,
0x00,0x00,0x00,0x00,0x00,0x00,0x00,0x00,0x00,0x00,0x00,0x00,0x00,0x00,0x00,0x00,
0x00,0x00,0x00,0x00,0x00,0x00,0x00,0x00,0x00,0x00,0x00,0x00,0x00,0x00,0x00,0x00,
0x00,0x00,0x00,0x00,0x00,0x00,0x00,0x00,0x00,0x00,0x00,0x00,0x00,0x00,0x00,0x00,
 };
static const unsigned char PROGMEM zhongyu [ ] = // 中雨图案
  {
    0x00,0x00,0x00,0x00,0x00,0x00,0x00,0x00,0x00,0x00,0x00,0x00,0x00,0x00,0x00,0x00,
0x00,0x00,0x00,0x00,0x00,0x00,0x00,0x00,0x00,0x00,0x00,0x03,0xFF,0x80,0x00,0x00,
```

```
0x00,0x00,0x00,0x1F,0xFF,0xF0,0x00,0x00,0x00,0x00,0x00,0x7E,0x01,0xF8,0x00,0x00,
0x00,0x00,0x00,0xF0,0x00,0x3C,0x00,0x00,0x00,0x00,0x01,0xE0,0x00,0x1E,0x00,0x00,
0x00,0x00,0x03,0xC0,0x00,0x07,0x00,0x00,0x00,0x00,0x07,0x80,0x00,0x03,0x80,0x00,
0x00,0x00,0x07,0x00,0x00,0x01,0xC0,0x00,0x00,0x00,0x0E,0x00,0x00,0x01,0xE0,0x00,
0x00,0x00,0x0C,0x00,0x00,0x00,0xE0,0x00,0x00,0x01,0xFC,0x00,0x00,0x00,0x60,0x00,
0x00,0x0F,0xFC,0x00,0x00,0x00,0x70,0x00,0x00,0x3F,0xF8,0x00,0x00,0x00,0x70,0x00,
0x00,0x78,0x00,0x00,0x00,0x00,0x30,0x00,0x00,0xE0,0x00,0x00,0x00,0x00,0x3E,0x00,
0x01,0xC0,0x00,0x00,0x00,0x00,0x3F,0x00,0x01,0xC0,0x00,0x00,0x00,0x00,0x07,0x80,
0x03,0x80,0x00,0x00,0x00,0x00,0x03,0xC0,0x03,0x80,0x00,0x00,0x00,0x00,0x00,0xE0,
0x07,0x00,0x00,0x00,0x00,0x00,0x00,0x60,0x07,0x00,0x00,0x00,0x00,0x00,0x00,0x70,
0x06,0x00,0x00,0x00,0x00,0x00,0x00,0x70,0x06,0x00,0x00,0x00,0x00,0x00,0x00,0x30,
0x06,0x00,0x00,0x00,0x00,0x00,0x00,0x30,0x06,0x00,0x00,0x00,0x00,0x00,0x00,0x38,
0x07,0x00,0x00,0x00,0x00,0x00,0x00,0x38,0x07,0x00,0x00,0x00,0x00,0x00,0x00,0x30,
0x07,0x80,0x00,0x00,0x00,0x00,0x00,0x70,0x03,0x80,0x00,0x00,0x00,0x80,0x00,0x70,
0x01,0xC0,0x00,0x0E,0x01,0xC0,0x00,0x60,0x01,0xE0,0x00,0x1E,0x03,0xC0,0x00,0xE0,
0x00,0xF0,0x00,0x3E,0x07,0xC0,0x03,0xC0,0x00,0x7C,0x00,0x3E,0x07,0xE0,0x0F,0x80,
0x00,0x3F,0xF8,0x77,0x0E,0xE3,0xFF,0x00,0x00,0x0F,0xFC,0x67,0x0E,0xE3,0xFE,0x00,
0x00,0x03,0xF8,0xE7,0x0E,0x63,0xF0,0x00,0x00,0x00,0x00,0xE7,0x1C,0x60,0x00,0x00,
0x00,0x00,0x01,0xC7,0x18,0x60,0x00,0x00,0x00,0x00,0x01,0xC7,0x38,0x70,0x00,0x00,
0x00,0x00,0x01,0x83,0x38,0x70,0x00,0x00,0x00,0x00,0x03,0x83,0x30,0x70,0x00,0x00,
0x00,0x00,0x03,0x83,0x30,0x70,0x00,0x00,0x00,0x00,0x03,0x07,0x30,0x70,0x00,0x00,
0x00,0x00,0x03,0x87,0x30,0x70,0x00,0x00,0x00,0x00,0x03,0x8F,0x38,0xE0,0x00,0x00,
0x00,0x00,0x01,0xFE,0x3F,0xE0,0x00,0x00,0x00,0x00,0x01,0xFC,0x1F,0xC0,0x00,0x00,
0x00,0x00,0x00,0x78,0x07,0x00,0x00,0x00,0x00,0x00,0x00,0x00,0x00,0x00,0x00,0x00,
0x00,0x00,0x00,0x00,0x00,0x00,0x00,0x00,0x00,0x00,0x00,0x00,0x00,0x00,0x00,0x00,
0x00,0x00,0x00,0x00,0x00,0x00,0x00,0x00,0x00,0x00,0x00,0x00,0x00,0x00,0x00,0x00,
};
  static const unsigned char PROGMEM dayu [ ] = // 大雨图案
  {
    0x00,0x00,0x00,0x00,0x00,0x00,0x00,0x00,0x00,0x00,0x00,0x00,0x00,0x00,0x00,0x00,
0x00,0x00,0x00,0x00,0xFC,0x00,0x00,0x00,0x00,0x00,0x00,0x1F,0xFF,0xE0,0x00,0x00,
0x00,0x00,0x00,0x7F,0xC7,0xF8,0x00,0x00,0x00,0x00,0x00,0xF8,0x00,0x7C,0x00,0x00,
0x00,0x00,0x01,0xE0,0x00,0x3E,0x00,0x00,0x00,0x00,0x03,0xC0,0x00,0x0F,0x00,0x00,
0x00,0x00,0x07,0x80,0x00,0x07,0x80,0x00,0x00,0x00,0x0F,0x00,0x00,0x03,0xC0,0x00,
0x00,0x00,0x0E,0x00,0x00,0x01,0xE0,0x00,0x00,0x00,0x1C,0x00,0x00,0x00,0xE0,0x00,
0x00,0x00,0x18,0x00,0x00,0x00,0x70,0x00,0x00,0x03,0xF8,0x00,0x00,0x00,0x70,0x00,
0x00,0x1F,0xF8,0x00,0x00,0x00,0x70,0x00,0x00,0x7F,0xF0,0x00,0x00,0x00,0x38,0x00,
0x00,0xF0,0x00,0x00,0x00,0x00,0x38,0x00,0x01,0xC0,0x00,0x00,0x00,0x00,0x3E,0x00,
0x03,0x80,0x00,0x00,0x00,0x00,0x1F,0x80,0x07,0x80,0x00,0x00,0x00,0x00,0x07,0xC0,
0x07,0x00,0x00,0x00,0x00,0x00,0x01,0xE0,0x0E,0x00,0x00,0x00,0x00,0x00,0x00,0xE0,
0x0E,0x00,0x00,0x00,0x00,0x00,0x00,0x70,0x1C,0x00,0x00,0x00,0x00,0x00,0x00,0x38,
0x1C,0x00,0x00,0x00,0x00,0x00,0x00,0x38,0x1C,0x00,0x00,0x00,0x00,0x00,0x00,0x18,
```

```
0x1C,0x00,0x00,0x00,0x00,0x00,0x00,0x1C,0x1C,0x00,0x00,0x00,0x00,0x00,0x00,0x1C,
0x1C,0x00,0x00,0x00,0x00,0x00,0x00,0x1C,0x1C,0x00,0x00,0x00,0x00,0x00,0x00,0x1C,
0x0E,0x00,0x00,0x00,0x00,0x00,0x00,0x18,0x0E,0x00,0x00,0x00,0x00,0x00,0x00,0x38,
0x0F,0x00,0x03,0x00,0x60,0x0C,0x00,0x38,0x07,0x00,0x03,0x80,0x70,0x1C,0x00,0x70,
0x03,0x80,0x07,0x80,0xF0,0x3E,0x00,0xE0,0x01,0xE0,0x07,0xC1,0xF0,0x3E,0x01,0xE0,
0x00,0xF8,0x0F,0xC1,0xF0,0x7E,0x07,0xC0,0x00,0x7F,0x0D,0xC1,0xB8,0x7E,0x3F,0x80,
0x00,0x3F,0x9D,0xC3,0xB8,0x76,0x7E,0x00,0x00,0x07,0x1D,0xC3,0xB8,0xE6,0x38,0x00,
0x00,0x00,0x39,0xC7,0x38,0xE7,0x00,0x00,0x00,0x00,0x39,0xC7,0x38,0xC7,0x00,0x00,
0x00,0x00,0x31,0xCE,0x38,0xC7,0x00,0x00,0x00,0x00,0x71,0xCE,0x39,0xC7,0x00,0x00,
0x00,0x00,0x70,0xCE,0x39,0x83,0x00,0x00,0x00,0x00,0x70,0xCC,0x39,0x83,0x00,0x00,
0x00,0x00,0xE1,0xCC,0x39,0x83,0x00,0x00,0x00,0x00,0x61,0xCC,0x39,0x87,0x00,0x00,
0x00,0x00,0x71,0xCE,0x39,0x87,0x00,0x00,0x00,0x00,0x7B,0xCE,0x71,0xCE,0x00,0x00,
0x00,0x00,0x3F,0x8F,0xF0,0xFE,0x00,0x00,0x00,0x00,0x3F,0x07,0xE0,0xFC,0x00,0x00,
0x00,0x00,0x0C,0x01,0x80,0x30,0x00,0x00,0x00,0x00,0x00,0x00,0x00,0x00,0x00,0x00,
0x00,0x00,0x00,0x00,0x00,0x00,0x00,0x00,0x00,0x00,0x00,0x00,0x00,0x00,0x00,0x00,
};
void setup( )
{
  Serial.begin(9600);  // 设置串口波特率
  Wire.begin( );           // 启动 I2C 通信
  //// 初始化 OLED
  if (!display.begin(SSD1306_SWITCHCAPVCC, OLED_ADDRESS)) {
    Serial.println(F("SSD1306 初始化失败 "));
    for (;;)
      ;
  }
  display.clearDisplay( );  // 清屏
}
void loop( )
{
    sensors( );
    yupanduan ( );
    fengpanduan ( );
  int h = dht11.readHumidity( );      // 读取湿度值，并赋值给 h
  int t = dht11.readTemperature( );  // 读取温度值，并赋值给 t
  // 读取 DHT11 传感器的温度和湿度值，并赋值给 result
  int result = dht11.readTemperatureHumidity(t, h);
  if (result == 0) {
    display.setTextSize(1);                        // 设置字体大小
    display.setCursor(0, 0);                       // 设置显示位置
    display.setTextColor(SSD1306_WHITE);  // 设置字体黑色，字体背景白色
    display.print("H:");                           // 显示内容
    display.print(h);
```

```
      display.println("%");

      display.setTextSize(1);                        // 设置字体大小
      display.setCursor(0, 10);                      // 设置显示位置
      display.setTextColor(SSD1306_WHITE);  // 设置字体黑色，字体背景白色
      display.print("T:");                           // 显示内容
      display.print(t);
      display.println("C");
    }
    // 打印错误信息。
    else {
      display.setTextSize(1);                        // 设置字体大小
      display.setCursor(0, 0);                     // 设置显示位置
      display.setTextColor(SSD1306_WHITE);  // 设置字体黑色，字体背景白色
      display.println("Error DHT11 timed out");
    }
      display.setTextSize(1);                        // 设置字体大小
      display.setTextColor(SSD1306_WHITE);  // 设置字体颜色为白色
      display.setCursor(0, 40);                     // 设置显示位置
      display.print("Yu:");                       // 显示内容
      display.setCursor(0, 50);                     // 设置显示位置
      display.println(yu);

      display.setCursor(0, 20);                     // 设置显示位置
      display.print("Feng:");                  // 显示内容
      display.setCursor(0, 30);                     // 设置显示位置
      display.println(feng);
      display.display( );   // 开显示
      display.clearDisplay( );
  }
  void sensors( ) // 采集传感器信息
  {
    feng = analogRead(A1);  // 读取风量值
    yu = analogRead(A0);      // 读取雨水值
    Serial.print("feng:");
    Serial.println(feng);   // 打印风量值
    Serial.print("yu:");
    Serial.println(yu);       // 打印雨水值
    delay(100);                   // 延时 1s
  }
  void yupanduan ( ) // 判断雨水量大小，并在 OLED 显示相关图案
  {
    if (yu>800)
```

```
  {
    display.drawBitmap(60, 6, xiaoyu, 64, 54, SSD1306_WHITE);
  }
  else if (yu<=800 && yu>500 )
  {
    display.drawBitmap(60, 6, zhongyu, 64, 56, SSD1306_WHITE);
  }
   else if (yu<=500 &&yu>1 )
  {
    display.drawBitmap(60, 6, dayu, 64, 56, SSD1306_WHITE);
  }
}
void fengpanduan (   ) // 判断风量大小
{
  if (feng > 800)
  {
    display.setTextSize(3);                    // 设置字体大小
    display.setTextColor(SSD1306_WHITE);   // 设置字体颜色为白色
    display.setCursor(40, 30);                // 设置显示位置
    display.println("3");
  }
  else if (feng <=800 &&feng>100 )
  {
    display.setTextSize(3);                    // 设置字体大小
    display.setTextColor(SSD1306_WHITE);   // 设置字体颜色为白色
    display.setCursor(40, 30);                // 设置显示位置
    display.println("2");
  }
   else if (feng <=    100 && feng > 5 )
  {
    display.setTextSize(3);                    // 设置字体大小
    display.setTextColor(SSD1306_WHITE);   // 设置字体颜色为白色
    display.setCursor(40, 30);                // 设置显示位置
    display.println("1");
  }
  else if (feng<=5 && feng>=0 )
  {
    display.setTextSize(3);                    // 设置字体大小
    display.setTextColor(SSD1306_WHITE);   // 设置字体颜色为白色
    display.setCursor(40, 30);                // 设置显示位置
    display.println("0");
  }
}
```

项目32 利用MAX7219点阵屏模块显示温湿度

本项目实现在点阵屏滚动显示温度与湿度（采用一位点阵屏），系统通过温湿度传感器 DHT11 实时采集环境数据。见图 4-32-1。

扫码看视频讲解

图4-32-1　完成效果图

· 实现效果

利用 MAX7219 驱动点阵屏，实现温湿度的实时滚动显示，确保信息直观展示。

· 工作原理

温湿度传感器 DHT11 精准捕捉当前环境的温湿度变化，程序即时计算处理，最终将精确温湿度呈现在点阵屏上。

· 所需器材

见表 4-32-1。

表 4-32-1　所需器材一览表

序号	名称	规格	数量
1	点阵屏	MAX7219	1
2	温湿度传感器	DHT11	1

MAX7219 是一款串行输入 / 输出共阴极显示驱动器，如图 4-32-2，可以驱动 8 位 7 段数字数码管，或者驱动 64 个独立的 LED（点阵屏）。只需要 3 个 I/O 口 (即串行数据线 DATA、串行时钟线 CLK 和芯片选通线 CS) 即可驱动 1 个点阵，支持级联。

MAX7219 驱动芯片引脚排列如图 4-32-3。引脚功能见表 4-32-2。

· 电路图

如图 4-32-4。

图4-32-2　MAX7219

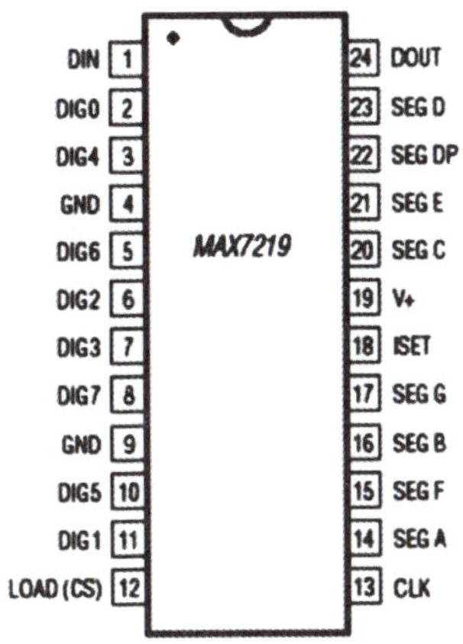

图4-32-3　引脚功能

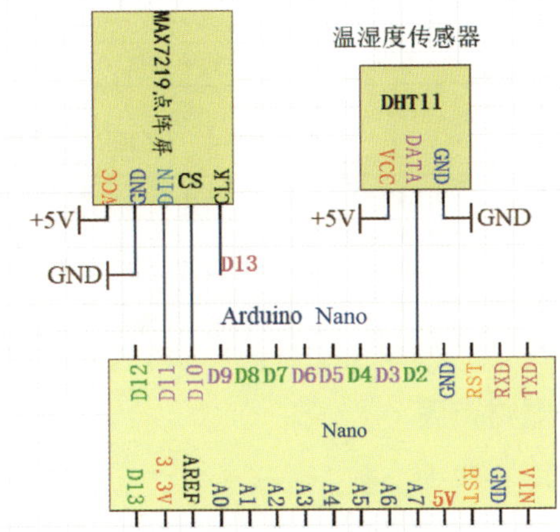

图4-32-4　电路图

表4-32-2　引脚功能详解

引脚名称	引脚功能
DIN（引脚1）	串行数据输入端（与单片机I/O连接）。数据传输过程中，单片机将16位二进制数一位一位发送到DIN端
DIG0～DIG7(引脚2、11、6、7、3、10、5、8)	LED位选线
GND（引脚4、9）	负极。在使用中两个引脚同时接负极
LOAD/CS(引脚12)	数据装载信号输入端，也称为片选控制引脚。当引脚上升沿时，16位数据将被装入MAX7219内
CLK(引脚13)	串行时钟输入（与单片机I/O连接）。CLK的每个上升沿将一位数据送到MAX7219内的移位寄存器
SEG A～SEG G、SEG DP（引脚14、16、20、23、21、15、17、22）	段码输入端（a、b、c、d、e、f、g及小数点dp）
ISET(引脚18)	通过V+和ISET之间的外部电阻来控制亮度
V+（引脚19）	VCC
DOUT（引脚24）	串行数据输出端，用于级联。在DIN端的数据传输到移位寄存器后，数据将在时钟的下降沿从DOUT端输出

• 硬件连接

见表 4-32-3、表 4-32-4。

表 4-32-3　Arduino Nano 与 MAX7219 模块连接

序号	Arduino Nano	功能	MAX7219模块	功能
1	GND	负极	GND	负极
2	5V	电源	VCC	电源
3	D10	数字接口	CS	片选
4	D11	数字接口	DIN	数据输入
5	D13	数字接口	CLK	串行时钟输入

表 4-32-4　Arduino Nano 与 DHT11 连接

序号	Arduino Nano	功能	DHT11	功能
1	GND	负极	GND	负极
2	5V	电源	VCC	电源
3	D2	数字引脚	DATA(或者S)	时钟引脚

· 器材布局

如图 4-32-5。

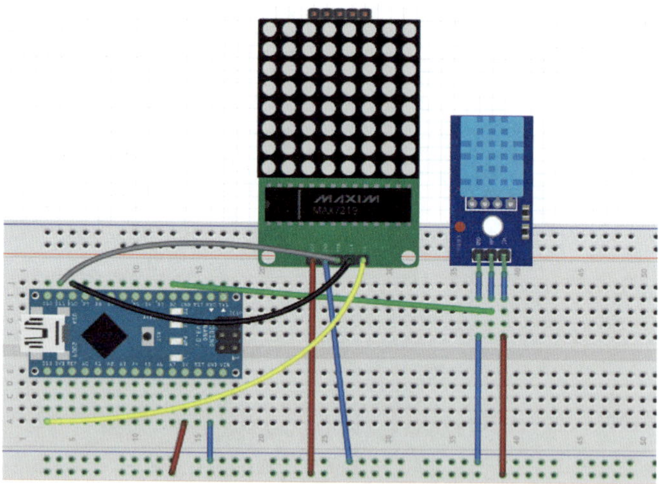

图4-32-5　布局示意图

· 实物布局

如图 4-32-6。

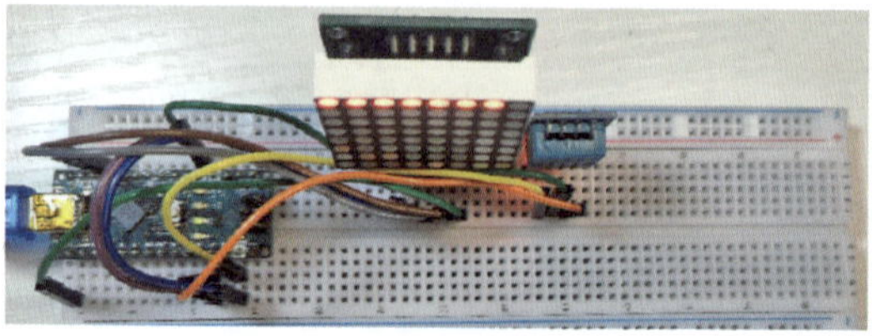

图4-32-6　实物布局图

• 程序编写

1. 安装库文件

如图 4-32-7。

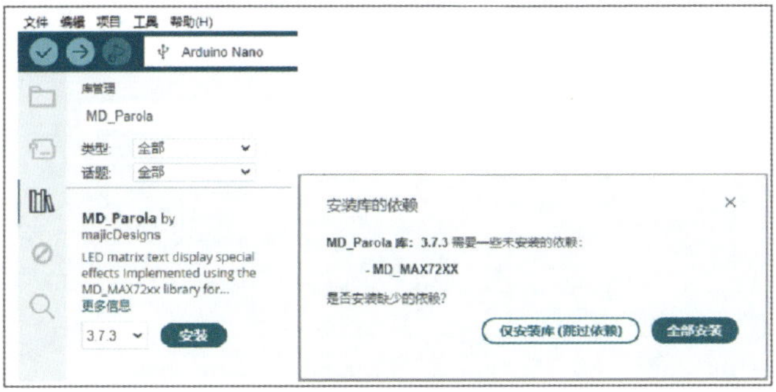

图4-32-7　安装库文件

2. 编写程序

```
#include <MD_MAX72xx.h>
#define HARDWARE_TYPE MD_MAX72XX::FC16_HW // 点阵屏类型
#define MAX_DEVICES 1 // 连接设备数量
#define CLK_PIN 13
#define DATA_PIN 11
#define CS_PIN 10

MD_MAX72XX mx = MD_MAX72XX(HARDWARE_TYPE, CS_PIN, MAX_DEVICES);
#define DELAYTIME 200   // 字符滚动延时时间
#include <DHT11.h>

DHT11 dht11(2);   //DHT11 定义传感器数据 I/O 引脚
void scrollText(const char *p) {   // scrollText（）该函数摘自库函数
  uint8_t charWidth;
  uint8_t cBuf[8];   // 定义支持全部内置字体
  mx.clear(   );
  while (*p != ’  \0’  ) {
    charWidth = mx.getChar(*p++, sizeof(cBuf) / sizeof(cBuf[0]), cBuf);
    for (uint8_t i = 0; i<= charWidth; i++)
    {
      mx.transform(MD_MAX72XX::TSL);
      mx.setColumn(0, (i<charWidth) ? cBuf[i] : 0);
      delay(DELAYTIME);
    }
```

```
  }
}
void setup( )
{
  mx.begin( );
  Serial.begin(9600);  // 串口初始化
  scrollText("Arduino");// 滚动打印
  mx.clear( );
}
void loop( )
{
  int h = dht11.readHumidity( );        // 读取湿度值，并赋值给 h
  int t = dht11.readTemperature( );  // 读取温度值，并赋值给 t
  // 读取 DHT11 传感器的温度和湿度值，并赋值给 result
  int result = dht11.readTemperatureHumidity(t, h);
  if (result == 0) {
    Serial.print("Temperature:");  // 串口打印温度英文
    Serial.print(t);                         // 打印温度值
    Serial.println("℃ ");

    Serial.print("Humidity:");  // 串口打印湿度英文
    Serial.print(h);                   // 打印湿度值
    Serial.print("%");

    // 将温度转换为字符串
    char tempStr[10];
    dtostrf(t, 1, 0, tempStr);// 转为字符串，不保留小数（四舍五入取整）
    scrollText("T: ");
    scrollText(tempStr);

    // 将湿度转换为字符串
    char HumStr[10];
    dtostrf(h, 1, 0, HumStr);
    scrollText("H: ");
    scrollText(HumStr);
    mx.clear( );

  } else {
    Serial.println(DHT11::getErrorString(h));
  }
}
```

串口显示，如图 4-32-8。

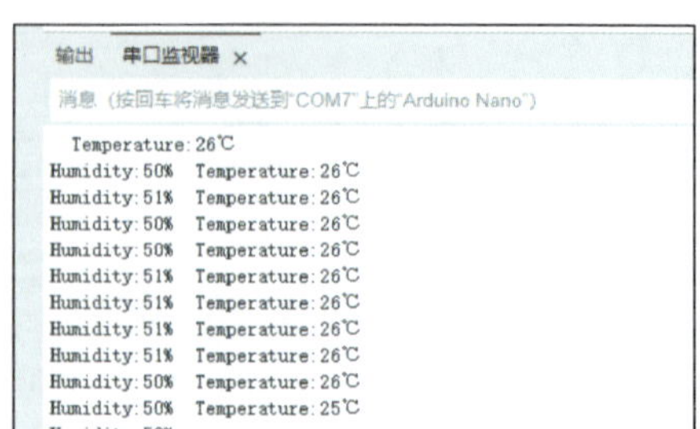

图4-32-8 串口显示

项目33 智能无级调速风扇

通过 Arduino 实现对风扇转速的无级调节，可以在节能降耗方面发挥积极作用，并能提升风扇的用户体验。见图 4-33-1。

图4-33-1　完成效果图

扫码看视频讲解

· 实现功能

当人靠近风扇达到一定距离（程序中进行设置）时，风扇启动，人越靠近风扇，风扇转速越高，并且在 OLED 屏上显示监测到的对象距离以及 PWM 数值。

· 工作原理

采用超声波采集反馈测距信息，在距离超声波模块小于 50cm 时，D6 引脚开始输出 PWM 信号，根据公式 $a = 255 - S \times 4.5$（S 是被测距离，a 是 PWM 数值），越靠近超声波模块，S 数值越小，a 数值越大，也就是 PWM 越大，风扇转速越高。当距离超声波模块超过 50cm 时，风扇停止运转。

· 所需器材

见表 4-33-1。

表 4-33-1　所需器材一览表

序号	名称	规格	数量
1	OLED	0.96in	1
2	电机驱动模块	L9110	1
3	超声波模块	HC-SR04	1
4	电机	5V	1

· 电路图

如图 4-33-2。

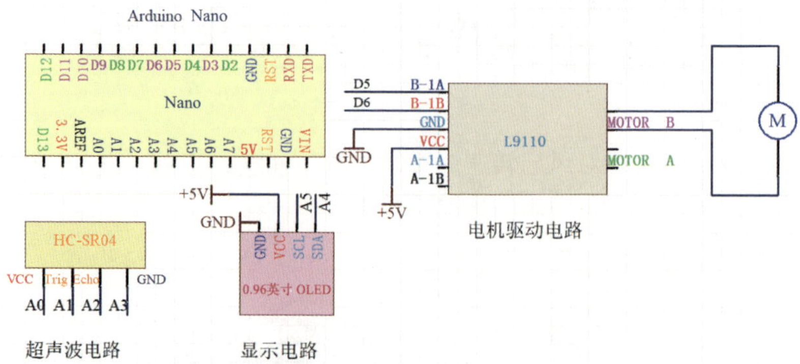

图4-33-2　电路图

· 硬件连接

见表 4-33-2～表 4-33-4。

表 4-33-2　Arduino Nano 与 L9110 电机驱动模块连接

序号	Arduino Nano	功能	L9110电机驱动模块	功能
1	D5	数字接口	B-1B	电机控制输入
2	D6	数字接口（PWM）	B-1A	电机控制输入
3	GND	负极	GND	负极
4	5V	电源	VCC	电源

注：本项目电机接L9110电机驱动模块MOTOR B端子。

表 4-33-3　Arduino Nano 与 OLED 连接

序号	Arduino Nano	功能	OLED	功能
1	GND	负极	GND	负极
2	5V	电源	VCC	电源
3	A5	SCL	SCL	时钟引脚
4	A4	SDA	SDA	数据引脚

表 4-33-4　Arduino Nano 与 HC-SR04 连接

序号	Arduino Nano	功能	HC-SR04	功能
1	AO	模拟电源正极	VCC	正极
2	A1	模拟接口	T	触发
3	A2	模拟接口	E	反馈
4	A3	模拟电源负极	GND	负极

· 器材布局

如图 4-33-3。

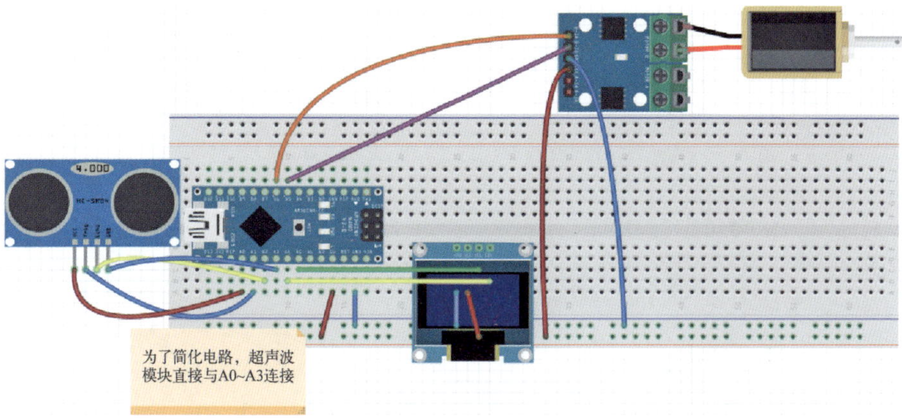

图4-33-3　布局示意图

· 实物布局

如图 4-33-4。

图4-33-4　实物布局图

· 程序编写

```
#include <Wire.h>   // 调用 I²C 库文件
#include <Adafruit_GFX.h>
#include <Adafruit_SSD1306.h>
#define SCREEN_WIDTH 128    // OLED 屏幕宽度
#define SCREEN_HEIGHT 64    // OLED 屏幕高度
#define OLED_ADDRESS 0x3C   // OLED-I²C 地址
Adafruit_SSD1306 display(SCREEN_WIDTH, SCREEN_HEIGHT, &Wire, OLED_ADDRESS);
int trig = A1;   // 触发
int echo = A2;   // 反馈
```

```
int S;
void setup( )
{
  Serial.begin(9600);
  pinMode(5, OUTPUT);   //电机驱动引脚
  pinMode(6, OUTPUT);   //电机驱动引脚
  digitalWrite(5, LOW);
  digitalWrite(6, LOW);  //初始化为低电平

  pinMode(A0, OUTPUT);
  pinMode(A3, OUTPUT);
  digitalWrite(A0, HIGH);  //模拟电源正极
  digitalWrite(A3, LOW);   //模拟电源负极
  pinMode(echo, INPUT);
  pinMode(trig, OUTPUT);
  Wire.begin( );  //启动I²C通信
  //初始化OLED
  if (!display.begin(SSD1306_SWITCHCAPVCC, OLED_ADDRESS)) {
    Serial.println(F("SSD1306初始化失败"));
    for (;;)
      ;
  }
  display.clearDisplay( );  //清屏
  display.setTextSize(2);  //设置显示字体大小
}
void loop( )
{
  digitalWrite(trig, LOW);          //低电平
  delayMicroseconds(10);              //延时10μs
  digitalWrite(trig, HIGH);         //高电平
  delayMicroseconds(10);              //延时10μs
  digitalWrite(trig, LOW);          //低电平
  delayMicroseconds(10);              //延时10μs
  long t = pulseIn(echo, HIGH);  //自带函数采样反馈的高电平的宽度，单位 μs
  S = t * 0.017;                 //使用浮点计算出距离，单位cm
  if (S<=50) {
    int a = 255 - S * 4.5;
    analogWrite(6, a);
    digitalWrite(5, LOW);
    display.print(" PWM:");
    display.print(a);
  } else {
```

```
    digitalWrite(5, LOW);
    digitalWrite(6, LOW);
    display.print("FAN OFF");
  }
  Serial.print(" 超声波测距：");
  Serial.print(S);  // 通过串口输出距离数值
  Serial.println("cm");
  display.setCursor(1, 30);              // 设置显示位置
  display.setTextColor(SSD1306_WHITE);  // 设置字体颜色为白色
  display.print("S:");
  display.print(S);                      // 显示内容
  display.println("cm");                 // 显示内容

  display.display( );          // 开显示
  display.clearDisplay( );  // 清屏
  S = 0;                      // 清零
  t = 0;                      // 清零
  delay(100);                 // 延时
}
```

· **程序解析**

1. 模拟超声波模块电源正负极

```
pinMode(A0, OUTPUT);
pinMode(A3, OUTPUT);
digitalWrite(A0, HIGH);  // 模拟电源正极
digitalWrite(A3, LOW);   // 模拟电源负极
```

2. 判断电机转速

```
if (S<=50) {
    int a=255-S*4.5;
    analogWrite(6, a);
    digitalWrite(5, LOW);
    display.print("PWM:");
    display.print(a);
  } else {
    digitalWrite(5, LOW);
    digitalWrite(6, LOW);
    display.print("FAN OFF");
  }
```

项目34 智能晾衣架

智能晾衣架通过多个传感器来对环境变化进行监测，可以根据环境情况判断是否利用舵机转动晾衣杆。见图 4-34-1。

扫码看视频讲解

图4-34-1 高清图

• 实现效果

当光线变暗（晚上）或者下雨的时候，舵机工作，晾衣杆由室外旋转到室内；当光线变亮同时没有监测到雨水时，晾衣杆由室内转到室外。

• 工作原理

Arduino Nano 主板不间断检测雨水模拟量与光敏电阻传感器输出模拟量。

雨水模拟量小于 800（下雨）或光敏电阻模拟量大于 900（晚上），舵机旋转 0°，带动晾衣杆转到室内。

雨水模拟量大于等于 800 且光敏电阻模拟量小于等于 900，舵机旋转 180°，带动晾衣杆转到室外 。

• 所需器材

见表 4-34-1。

表 4-34-1 所需器材一览表

序号	名称	规格	数量
1	雨水传感器	—	1
2	舵机	SG90	1
3	光敏电阻	—	1
4	电阻	10kΩ	1
5	红绿灯模块	—	1

· 电路图

如图 4-34-2。

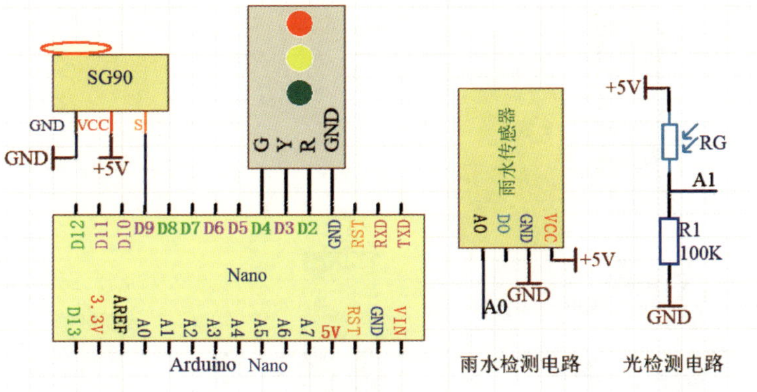

图4-34-2　电路图

· 硬件连接

见表 4-34-2～表 4-34-4。

表 4-34-2　Arduino Nano与雨水传感器模块连接

序号	Arduino Nano	功能	雨水传感器模块	功能
1	+5V	正极	VCC	正极
2	GND	负极	GND	负极
3	A0	模拟量输入	AO	Arduino与模拟接口A0连接

表 4-34-3　Arduino Nano与舵机连接

序号	Arduino Nano	功能	舵机	功能
1	GND	负极	GND	负极
2	5V	电源	VCC	电源
3	D9	数字接口	DIN	控制引脚

表 4-34-4　Arduino Nano与红绿灯模块连接

序号	Arduino Nano	功能	红绿灯模块	功能
1	D2	数字接口	R	红色LED
2	D3	数字接口	Y	黄色LED
3	D4	数字接口	G	绿色LED
4	GND	数字接口	GND	负极

· 器材布局

如图 4-34-3。

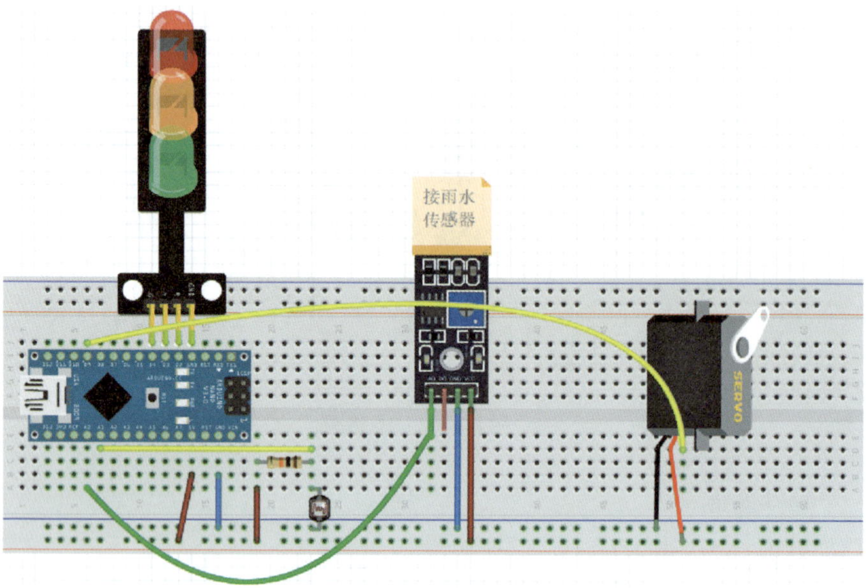

图4-34-3　布局示意图

· 实物布局

如图 4-34-4。

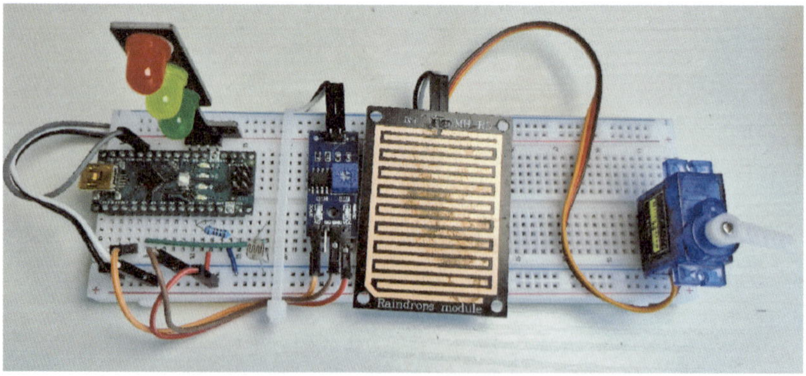

图4-34-4　实物布局图

· 程序编写

```
#include <Servo.h>    //舵机库文件
Servo myservo;        //创建控制电机的对象
```

```
int jiao; // 角度
void setup(  )
{
  Serial.begin(9600);
  for (int i = 2; i<5; i++) {
    pinMode(i, OUTPUT);
    digitalWrite(i, LOW);
  }
  myservo.attach(9);
}
void loop(  )
{
  int val1 = analogRead(A0);   // 读取雨水量
  int val2 = analogRead(A1);   // 读取光敏电阻数值
  Serial.print(" 雨水值：");
  Serial.println(val1);
  Serial.print(" 光敏电阻值：");
  Serial.println(val2);
  delay(500);
  if ((val1 < 800) || (val2>900) )
  { // 检测到雨水或者光线变暗
    myservo.write(0);   // 舵机转动到 0° 的位置，转到室内
    digitalWrite(2, HIGH);// 红色 LED 点亮
    digitalWrite(3, LOW);
  }
  else if ((val1 >= 800) && (val2 <= 900))
  { // 当光线变亮同时没有监测到雨水，舵机转到室外
    myservo.write(180);   /// 舵机转动到 180° 的位置，转到室外
    digitalWrite(2, LOW);
    digitalWrite(3, HIGH);
    digitalWrite(4, LOW);
  }
}
```

串口输出信息如图 4-34-5。

```
10:27:59.221 -> 光敏电阻值: 152
10:27:59.714 -> 雨水值: 924
10:27:59.714 -> 光敏电阻值: 155
10:28:00.223 -> 雨水值: 1019
10:28:00.223 -> 光敏电阻值: 153
10:28:00.725 -> 雨水值: 1019
10:28:00.725 -> 光敏电阻值: 153
10:28:01.247 -> 雨水值: 1019
10:28:01.247 -> 光敏电阻值: 146
10:28:01.725 -> 雨水值: 1018
```

图4-34-5　串口输出相关信息

项目35 智能花盆

智能花盆是一种利用 Arduino Nano 主板，结合传感器、继电器和小水泵，对绿植生长环境进行土壤湿度监测与控制的花盆。见图 4-35-1。

扫码看视频讲解

图4-35-1　完成效果图

· 实现效果

实时监测花盆中绿植土壤湿度情况，当检测到土壤干燥时，自动启动小水泵，当湿度达到一定值时，小水泵停止工作。

· 工作原理

土壤湿度传感器将土壤周围环境反馈给控制器，控制器经过处理后，从模拟引脚输出信号到 Arduino 主板的 A3 引脚，经过程序判断，当采集的模拟量数值大于 600，说明缺水，继电器工作；当采集的模拟量小于 600，小水泵停止工作。

继电器采用高电平触发，也就是当采集的模拟量数值大于 600 时，Arduino 的 D3 数字引脚输出高电平，模块主板上三极管 Q 工作，继电器线圈得电，常开触点闭合，电源经过常开触点给小水泵供电。

· 所需器材

见表 4-35-1。

表 4-35-1　所需器材一览表

序号	名称	规格	数量	序号	名称	规格	数量
1	OLED	0.96in	1	4	小水泵	—	1
2	温湿度传感器	DHT11	1	5	土壤湿度传感器	—	1
3	继电器	5V，高电平触发	1	6	控制器	—	1

1. 土壤湿度传感器（与控制器配合使用）

土壤湿度传感器主要用于感知被测土壤周围环境中电阻阻值。土壤潮湿时，其电阻阻值较低，容易导电；相反，土壤干燥时，其阻值较高，不容易导电。一共有两个引脚，如图 4-35-2。

2. 小水泵

在使用中注意区分正负极，当电路正常时，若不能抽水，将正负极进行对调，如图 4-35-3。

3. 继电器

继电器一共六个引脚。指示灯这边三个引脚分别是 VCC、GND、IN(信号输入，根据采购模块种类，分为高电平与低电平触发方式)，本项目中采用的是高电平触发，也就是 IN 引脚输入高电平，继电器工作。另一侧也有三个引脚，NO 为继电器常开引脚，当继电器没有加电，与 COM 引脚不相连，当继电器加电，该引脚与 COM 相连。COM 为公共引脚。NC 为继电器常闭引脚，当继电器没有加电，与 COM 引脚相连，当继电器加电，该引脚与 COM 不相连。

在本项目中采用 NO 与 COM。本模块红色 LED 是电源指示灯，绿色是继电器工作指示灯。如图 4-35-4。

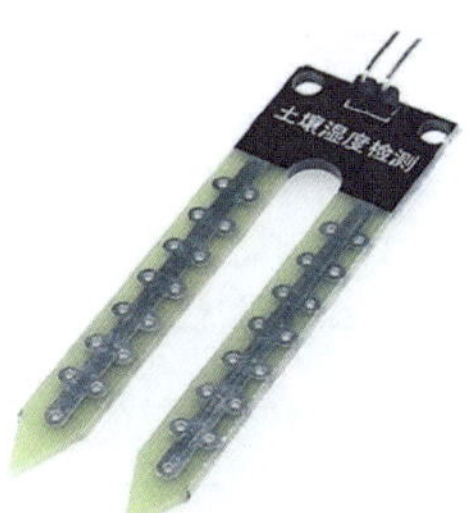

图4-35-2　土壤湿度传感器

图4-35-3　小水泵

图4-35-4　继电器

· 电路图

如图 4-35-5。

· 硬件连接

见表 4-35-2～表 4-35-5。

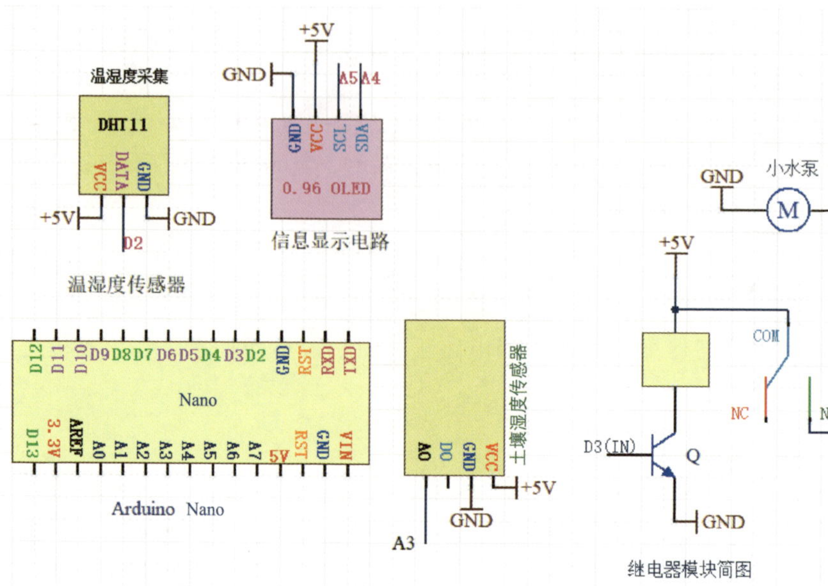

图4-35-5 电路图

表4-35-2 Arduino Nano与OLED连接

序号	Arduino Nano	功能	OLED	功能
1	GND	负极	GND	负极
2	3.3V/5V	电源	VCC	电源
3	A5	SCL	SCL	时钟引脚
4	A4	SDA	SDA	数据引脚

表4-35-3 Arduino Nano与DHT11连接

序号	Arduino Nano	功能	DHT11	功能
1	GND	负极	GND	负极
2	3.3V/5V	电源	VCC	电源
3	D2	数字引脚	DATA(或者S)	数字引脚

表4-35-4 Arduino与湿度检测控制器连接

序号	Arduino	功能	控制器	功能
1	5V	电源正极	VCC	正极
2	GND	电源负极	GND	负极
3	A3	模拟接口	A3	模拟信号输出

表 4-35-5　Arduino 与继电器模块连接

序号	Arduino Nano	功能	继电器模块	功能
1	5V	正极	5V	正极
2	GND	负极	GND	负极
3	D3	数字引脚	IN	控制信号输入

注：本项目中继电器控制器为高电平有效。继电器VCC、GND分别与Arduino　Nano主板的5V、GND连接。继电器常开触点串联水泵、电源构成回路。如长期使用，小水泵应使用外接电源独立供电。

• 器材布局

如图 4-35-6。

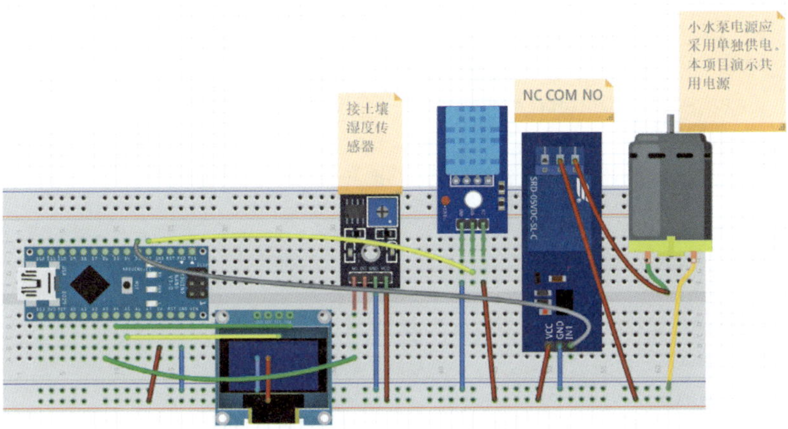

图4-35-6　布局示意图

• 实物布局

如图 4-35-7。

图4-35-7　器材布局图

• 程序编写

```
#include <Wire.h>   // 调用 I²C 库文件
#include <Adafruit_GFX.h>
#include <Adafruit_SSD1306.h>
```

```
#define SCREEN_WIDTH 128    // OLED 屏幕宽度
#define SCREEN_HEIGHT 64    // OLED 屏幕高度
#define OLED_ADDRESS 0x3C   // OLED–I²C 地址
Adafruit_SSD1306 display(SCREEN_WIDTH, SCREEN_HEIGHT, &Wire, OLED_ADDRESS);
#include <DHT11.h>  // 调用 DHT11 温湿传感器库文件
DHT11 dht11(2);       //DHT11 定义传感器数据 I/O 引脚
void setup( )
{
  Serial.begin(9600);  // 串口初始化
  Wire.begin( );            // 启动 I²C 通信
  pinMode(3, OUTPUT);
  digitalWrite(3, LOW);
  //// 初始化 OLED
  if (!display.begin(SSD1306_SWITCHCAPVCC, OLED_ADDRESS))
{
    Serial.println(F("SSD1306 初始化失败 "));
    for (;;)
      ;
  }
  display.setTextSize(1);  // 设置字体大小
  display.setCursor(30, 10);                // 设置显示位置
  display.setTextColor(BLACK, WHITE);   // 设置字体黑色，字体背景白色
  display.println("Hello, OLED!");       // 显示内容
  display.setCursor(1, 30);                            // 设置显示位置
  display.setTextColor(SSD1306_WHITE);                // 设置字体颜色为白色
  display.println("Welcome to learn Arduino");  // 显示内容
  display.display( );  // 开显示
  delay(2000);
  display.clearDisplay( );  // 清屏
}
void loop( )
{
  int h = dht11.readHumidity( );        // 读取湿度值，并赋值给 h
  int t = dht11.readTemperature( );  // 读取温度值，并赋值给 t
  // 读取 DHT11 传感器的温度和湿度值，并赋值给 result
  int result = dht11.readTemperatureHumidity(t, h);
  if (result == 0) {
    Serial.print("Humidity:");  // 串口打印湿度英文
    Serial.print(h);                    // 打印湿度值
    Serial.print("%");
```

```
    Serial.print("Temperature:");  //串口打印温度英文
    Serial.print(t);               //打印温度值
    Serial.println("℃ ");

    display.setTextSize(2);                    //设置字体大小
    display.setCursor(0, 10);                  //设置显示位置
    display.setTextColor(SSD1306_WHITE);  //设置字体黑色，字体背景白色
    display.print("Humi:");                    //显示内容
    display.print(h);
    display.println("%");

    display.setTextSize(2);                    //设置字体大小
    display.setCursor(0, 40);                  //设置显示位置
    display.setTextColor(SSD1306_WHITE);  //设置字体黑色，字体背景白色
    display.print("Temp:");                    //显示内容
    display.print(t);
    display.println("℃ ");

    display.display( );  //开显示
    display.clearDisplay( );
    delay(500);  //延时给传感器预留充分时间
  }
  //打印错误信息。
  else {
    Serial.println(DHT11::getErrorString(h));
  }
  JDQ1( );
}
}
void JDQ1( )
{
  int a = analogRead(A3);
  Serial.println(a);
  if (a >= 600) {
    digitalWrite(3, HIGH);
  } else {
    digitalWrite(3, LOW);
  }
}
```

项目36 摇杆趣味控制风扇

本项目中，摇杆能够通过 X 轴或 Y 轴的模拟信号输出，实现对电机转速的控制，并驱动舵机旋转至指定角度。见图 4-36-1。

扫码看视频讲解

图4-36-1　完成效果图

· 实现效果

摇杆 X 轴能够同时控制电机的转向与转速：当 X 轴向左推进时，电机逆时针旋转且转速加快；向右推进时，电机则顺时针旋转并加速。此外，按下摇杆还能点亮 LED 指示灯。

当 Y 轴向上或者向下推进时，舵机在 0°～180° 转动。

· 工作原理

当摇杆在 X 轴处于稳定状态时，其输出的模拟量大约在 512 附近。而当 X 轴向右移动时，模拟量会在 531～1023 的范围内变化（数字范围需要自己测定），并通过 map 函数将这个范围内的模拟量逐渐转换为较高的 PWM 数值，从而控制电机顺时针方向加速旋转。相反，当 X 轴向左移动时，模拟量会在 0～499 的范围（数字范围需要自己测定）内变化，并通过 map 函数同样将这个范围内的模拟量逐渐转换为较高的 PWM 数值，但此时电机将逆时针方向加速旋转。类似地，Y 轴的移动也会输出相应的模拟量，并通过 map 函数转换为舵机的转动角度。

· 所需器材

见表 4-36-1。

表 4-36-1　所需器材一览表

序号	名称	规格	数量	序号	名称	规格	数量
1	舵机	SG90	1	4	发光二极管	5mm	1
2	电机驱动模块	L9110	1	5	电阻	220Ω	1
3	电机	5V	1	6	摇杆模块	—	1

摇杆模块如图 4-36-2，两路模拟量输出，一路数字量输出。*X-Y*轴输出为两个电位器，输出值分别对应*X-Y*双轴偏移量，其类型为模拟量；向下按摇杆，可以触发轻触开关，输出数字信号。

图4-36-2　摇杆模块

· 电路图

如图 4-36-3。

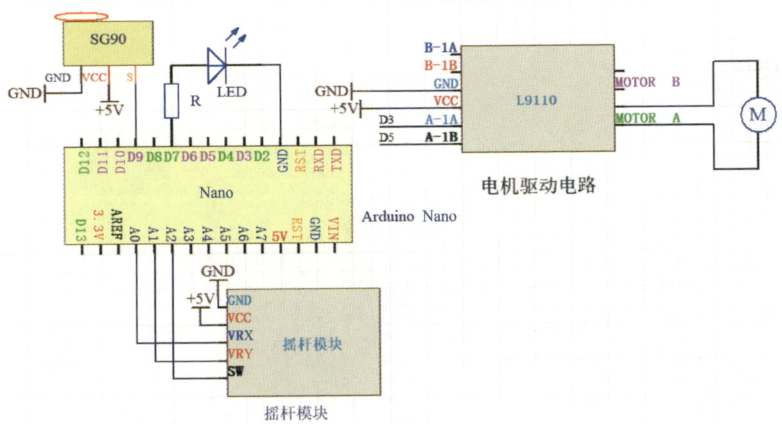

图4-36-3　电路图

· 硬件连接

硬件连接见表 4-36-2～表 4-36-4。

表 4-36-2　Arduino Nano 与 L9110 电机驱动模块连接

序号	Arduino Nano	功能	L9110电机驱动模块	功能
1	D5	数字接口	A-1B	电机控制输入
2	D3	数字接口（PWM）	A-1A	电机控制输入
3	GND	负极	GND	负极
4	5V	电源	VCC	电源

注：本项目电机接在MOTOR A端子。

表 4-36-3　Arduino Nano 与摇杆连接

序号	Arduino Nano	功能	摇杆	功能
1	GND	负极	GND	负极
2	5V	电源	VCC	电源
3	A0	模拟引脚	VRX	*X*轴模拟信号引脚
4	A1	模拟引脚	VRY	*Y*轴模拟信号引脚
5	A2	作为数字引脚使用	SW	按键开关引脚

表4-36-4　Arduino Nano与舵机连接

序号	Arduino Nano	功能	舵机	功能
1	GND	负极	GND	负极
2	5V	电源	VCC	电源
3	D9	数字引脚	信号	输入引脚

• 器材布局

如图 4-36-4。

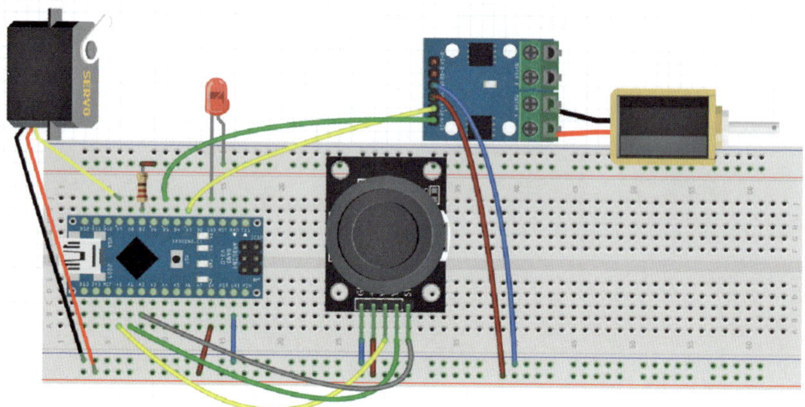

图4-36-4　布局示意图

• 实物布局

如图 4-36-5。

图4-36-5　实物布局图

• 程序编写

```
#include <Servo.h>// 舵机库文件
Servo myservo; // 创建控制电机的对象
int button = 16;// 按键连接引脚 A2
void setup(　)
```

```
{
  Serial.begin(9600);
  pinMode(7,OUTPUT);
  digitalWrite(7, LOW);

  myservo.attach(9);// 引脚 9 控制舵机
  pinMode(button, INPUT_PULLUP);// 按键设置为输入模式，并启用内部上拉功能
}
void loop( )
{
  // 读取 A0 引脚上的模拟信号
  int x = analogRead(A0);
  // 读取 A1 引脚上的模拟信号
  int y = analogRead(A1);
  Serial.print("x= ");
  Serial.print(x);
  Serial.print(" ");
  Serial.print("y= ");
  Serial.println(y);

  if (x > 530)
    {
      int xx = map(x, 531, 1023, 0, 255);
      analogWrite(3, xx);
      digitalWrite(5, LOW); // 电机正转
    }
  else if (x < 500)
    {
      int xxx = map(x, 499, 0, 0, 255);
      digitalWrite(3, LOW);
      analogWrite(5, xxx);
    }
  else if (500<= x <= 530)
    {
      digitalWrite(3, LOW);
      digitalWrite(5, LOW);
    }

    if (digitalRead(button) == 0) // 判断按键状态，如果输入为低电平
    {
      digitalWrite(7, HIGH);
    }
    else
    {
```

```
        digitalWrite(7, LOW);
      }
    int yy = map(y, 0, 1023, 0, 180);
    myservo.write(yy);// 舵机转动到位置
    delay(100); // 延时
}
```

项目37 炫彩音乐喷泉

使用 Arduino 制作的炫彩音乐喷泉，可以通过智能控制实现色彩与音乐节奏的完美展示，提升人们的观赏体验。见图 4-37-1。

扫码看视频讲解

图4-37-1 完成效果图

· 实现效果

小水泵控制水量，喷泉随着音乐的旋律起伏喷涌，而七彩 LED 灯则根据节奏变化闪烁，两者相得益彰，共同营造出绚丽多彩、动感十足的视觉效果。

· 工作原理

利用声音传感器模块通过话筒头捕捉周围音乐或声音，经模块处理后传输至 Arduino Nano 主板的模拟引脚（AO），通过程序精确运算，依据声音强弱智能控制小水泵的启停。

该制作虽简单，但需精心调试以确保在环境安静时小水泵能恰好出水，并通过油笔头外壳增压细化水流，整体实现声音与喷泉动作的同步响应，增添趣味性和观赏性。

· 所需器材

见表 4-37-1。

表 4-37-1 所需器材一览表

序号	名称	规格	数量
1	电机驱动模块	L9110	1
2	电机	5V	1
3	七彩发光二极管	5mm	1
4	电阻	220Ω	1
5	声音传感器模块	—	1

声音传感器模块用于感应环境中的外部声音，电位器可用于调节传感器模块的灵敏度。本项目中，通过调整电位器，满足小水泵刚好喷出水。

• 电路图

如图 4-37-2。

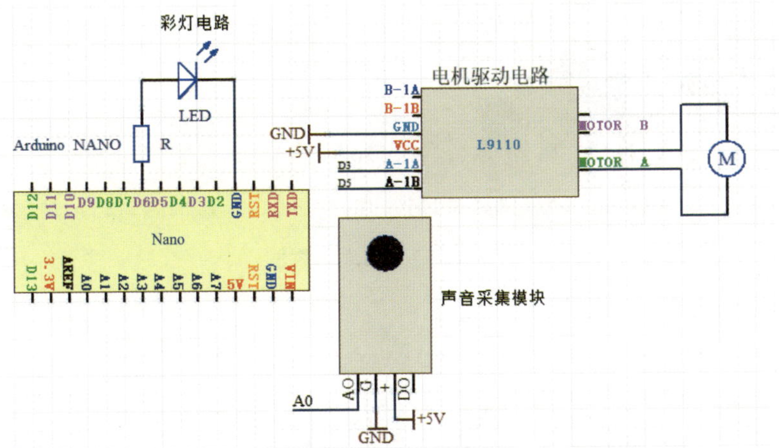

图4-37-2 电路图

• 硬件连接

硬件连接见表 4-37-2、表 4-37-3。

表 4-37-2 Arduino Nano 与 L9110 电机驱动模块连接

序号	Arduino Nano	功能	L9110电机驱动模块	功能
1	D5	数字接口	A-1B	电机控制输入
2	D3	数字接口（PWM）	A-1A	电机控制输入
3	GND	负极	GND	负极
4	5V	电源	VCC	电源

注：本项目电机接在MOTOR A端子。

表4-37-3 Arduino Nano与声音传感器模块连接

序号	Arduino Nano	功能	声音传感器模块	功能
1	GND	负极	GND	负极
2	5V	电源	VCC	电源
3	A0	模拟引脚	AO	模拟信号引脚

注：七彩LED接在D6引脚串联电阻到负极。

· 器材布局

如图 4-37-3。

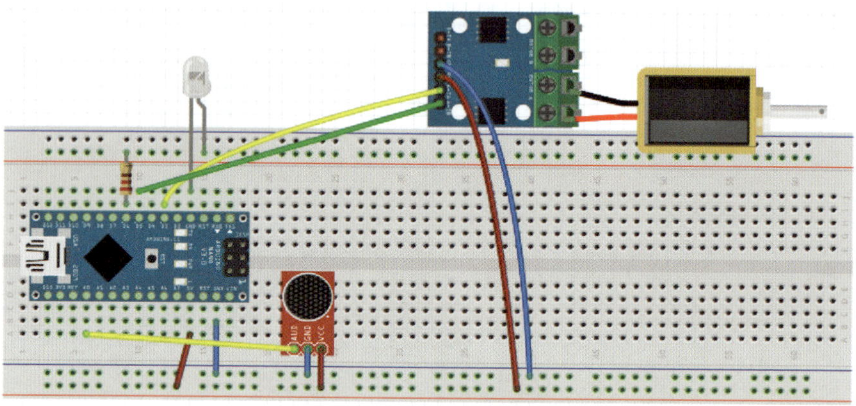

图4-37-3 布局示意图

· 实物布局

如图 4-37-4。

图4-37-4 实物布局图

· 程序编写

```
  void setup( )
{
  Serial.begin(9600);
  pinMode(6, OUTPUT);
```

```
  digitalWrite(6, LOW);
}
void loop( )
{
  // 读取 A0 引脚上的模拟信号
  int val = analogRead(A0);
  Serial.print("val= ");
  Serial.println(val);
  delay(100);
  if (val > 520) { // 这里的数字需要自己按需调整
    analogWrite(5, 160); //160 是 PWM 数值，按需自己调整
    analogWrite(3, 0);
    digitalWrite(6, HIGH);
    delay(500);
  }
  else
  {
    analogWrite(5, 0);
    analogWrite(3, 0);
    digitalWrite(6, LOW);
  }
}
```

项目38　利用中断函数切换LED状态

在编写稿件时电话铃声响起并接听的过程可以看作是一个中断处理机制。本项目实现的功能是：主程序（编写稿件）在循环中不断运行，当电话铃声（中断信号）响起时，程序暂停当前任务（保存文档），跳转到中断服务程序（接听电话），处理完毕后，程序恢复到中断前的状态，继续执行主程序（继续编写稿件）。见图 4-38-1。

图4-38-1　完成效果图

扫码看视频讲解

· 实现效果

按键（中断）切换 LED 的亮 / 灭状态。通电后，系统启动蓝色 LED 的呼吸灯效果，当检测到按键中断时，立即暂停蓝色 LED 的呼吸灯状态，转而点亮绿色 LED 并保持 5s，之后系统恢复并继续蓝色 LED 的呼吸灯效果。

· 工作原理

中断函数在 Arduino 编程中扮演着重要角色，在执行主程序的同时，若中断触发，Arduino 会暂停当前正在执行的主程序代码，转而执行相应的中断函数。

中断函数原型：attachInterrupt(interrupt，function，mode);

interrupt 为中断编号（0 或 1），如选择中断 0，硬件连接数字引脚 D2，如选择中断 1，硬件连接数字引脚 D3。

Function 为中断服务程序名字。中断发生时，程序跳出主程序，进入中断程序。

mode 为中断触发模式，参照表 4-38-1。

表 4-38-1　中断触发模式

low	低电平触发中断	rising	当引脚电平由低变高时，触发中断
change	引脚电平发生变化时，触发中断	falling	当引脚电平由高到低时，触发中断

· 所需器材

见表 4-38-2。

表 4-38-2　所需器材一览表

序号	名称	规格	数量	序号	名称	规格	数量
1	电阻	220Ω（R1、R2）	2	3	按键	两脚	1
2	电阻	10kΩ	1	4	发光二极管	5mm	2

· 电路图

如图 4-38-2。

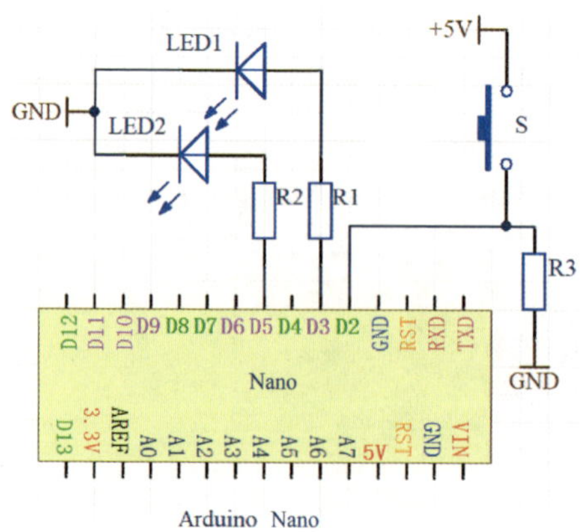

图4-38-2　电路图

• 硬件连接

采用中断 0（pin 2），电平上升沿触发，见表 4-38-3。

表4-38-3　硬件连接

序号	Arduino Nano	功能	中断	功能
1	D2	数字接口	按键	信号输入
2	D3	数字接口	LED	正极通过串接220Ω电阻连接
3	D5	数字接口	LED	正极通过串接220Ω电阻连接

• 器材布局

如图 4-38-3。

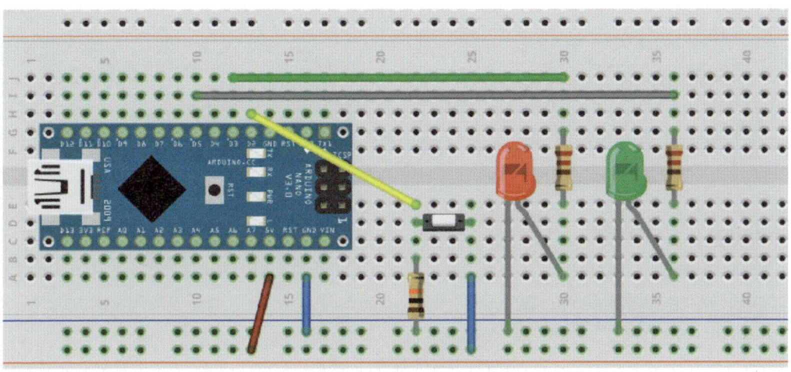

图4-38-3　布局示意图

• 实物布局

如图 4-38-4。

图4-38-4　实物布局图

• 程序编写

```
  int LED1 = 3;
int LED2 = 5;
void setup(   ) {
```

```
    pinMode(LED1, OUTPUT);
    pinMode(LED2, OUTPUT);
    digitalWrite(LED1, LOW);
    digitalWrite(LED2, LOW);
    attachInterrupt(0, zd, RISING);   // 由低变高触发中断
    Serial.begin(9600);
}
void loop( )
{
    for (int i=0; i<256; i++) {
      analogWrite(LED1, i);
      Serial.println(i);   // 在串口中打印变量 i
      delay(10);
    }
    for (int i=255; i>0; i--) {
      analogWrite(LED1, i);
      Serial.println(i);   // 在串口中打印变量 i
      delay(10);
    }
}
void zd( )   // 中断函数
{
    digitalWrite(LED2, HIGH);
    for (int x=0; x<=500; x++)
{
      delayMicroseconds(10000);   // 中断函数中可以使用 delayMicroseconds( ) 延时函数
    }
    digitalWrite(LED2, LOW);
}
```

• 程序解析

delayMicroseconds( ) 与 delay( ) 函数都可用于暂停程序运行。在中断服务程序中，不能使用 delay( ) 函数与 millis( ) 函数，但是 delayMicroseconds( ) 可以在中断中正常工作。delayMicroseconds( ) 的参数单位是微秒。在程序中使用 for 语句循环 500 次，也就是 500 × 10000μs=5000000μs=5000μs=5s。在中断触发后，LED2 点亮 5s。

项目39 模拟救护车音效

本项目中，我们使用延时函数来精确控制声音的播放时间和间隔，从而模拟出救护车警报声。见图 4-39-1。

图4-39-1 完成效果图

扫码看视频讲解

· 实现效果

扬声器模拟救护车音效。

· 工作原理

通过 Arduino 编程，利用 for 语句循环生成两种不同频率的声音效果，模拟救护车特有的“嘀嘟嘀嘟”音效。

· 所需器材

见表 4-39-1。

表 4-39-1 所需器材一览表

序号	名称	规格	数量
1	扬声器	8Ω	1

· 电路图

如图 4-39-2。

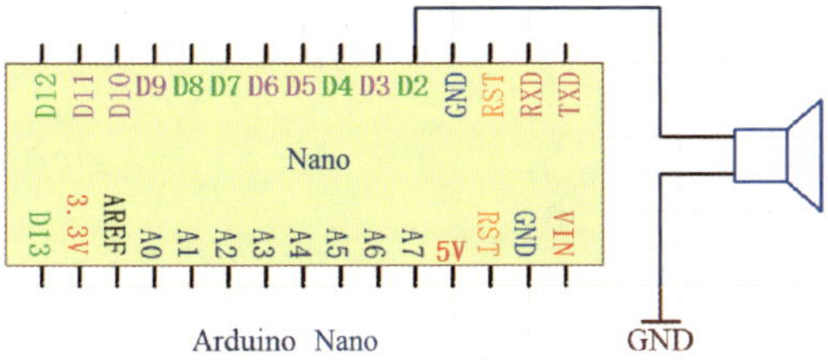

图4-39-2 电路图

· 硬件连接

见表 4-39-2。

表 4-39-2 Arduino Nano 与扬声器连接

序号	Arduino Nano	功能	扬声器	功能
1	D2	数字接口	引脚	—
2	GND	负极	负极	与Arduino负极连接

· 器材布局

如图 4-39-3。

图4-39-3　布局示意图

· 实物布局

如图 4-39-4。

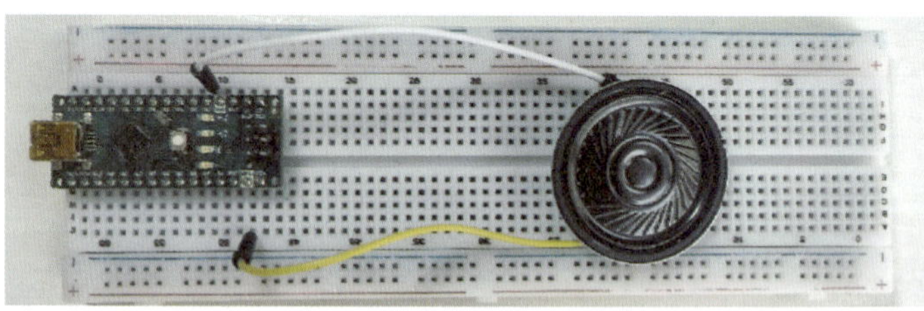

图4-39-4　实物布局图

· 程序编写

```
 int beep = 2;
void setup(  ) {
  pinMode(beep, OUTPUT);
}
void loop(  ) {
  for (int i=0; i<80; i++)   //输出 1 个频率
  {
    digitalWrite(beep, HIGH);
    delay(1);   // 延时 1ms
    digitalWrite(beep, LOW);
    delay(1);   // 延时 1ms
  }
  for (int i=0; i<120; i++)   //输出第 2 个频率
```

```
  {
    digitalWrite(beep, HIGH);
    delay(2);
    digitalWrite(beep, LOW);
    delay(2);
  }
}
```

项目40 智能数显保温杯

通过 Arduino 智能制作，打造一款集温度显示与状态指示于一体的保温杯，其能够实时监测并清晰显示杯内水的温度，同时利用色彩丰富的 LED 灯带直观展示保温杯的保温状态。见图 4-40-1。

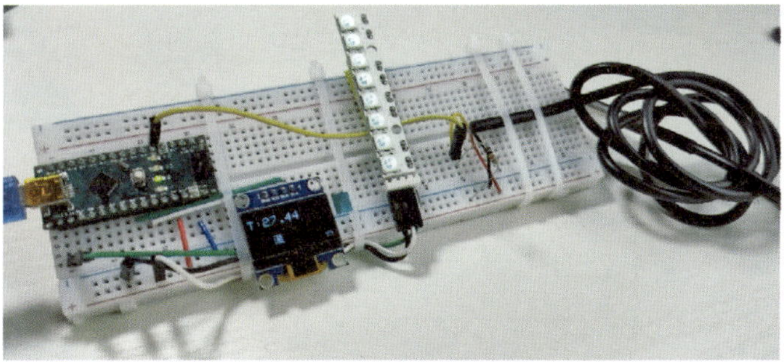

图4-40-1　完成效果图

扫码看视频讲解

· 实现效果

利用 Arduino 平台，结合温度传感器和 OLED 显示屏以及可变色 LED 灯带，制作一款多功能智能保温杯。OLED 显示屏会显示杯内当前的水温。温度区间的设定是为了演示方便，用户可以根据实际情况进行调整。当水温低于 24℃时，LED 灯带会以 500ms 的间隔蓝色闪烁，同时 OLED 显示屏上会显示“冷”字；当水温在 24～26℃之间时，LED 灯带会显示白色，OLED 显示屏上显示“凉”字；当水温在 26～30℃之间时，LED 灯带会显示绿色，OLED 显示屏上显示“温”字；当水温高于 30℃时，LED 灯带会显示红色，OLED 显示屏上显示“热”字。

· 工作原理

利用 18B20 温度传感器实时采集水温数据，Arduino 程序根据预设的温度区间对这些数据进行处理。随后，程序将当前水温信息显示在 OLED 屏幕上，并根据温度范围调整灯带的颜色。用户既能直观读取水温，又能通过颜色变化感知水温状态。

• 所需器材

见表 4-40-1。

表 4-40-1　所需器材一览表

序号	名称	规格	数量
1	WS2812	8位	1
2	OLED	0.96in	1
3	温度传感器	18B20	1
4	电阻	10kΩ	1

• 电路图

如图 4-40-2。

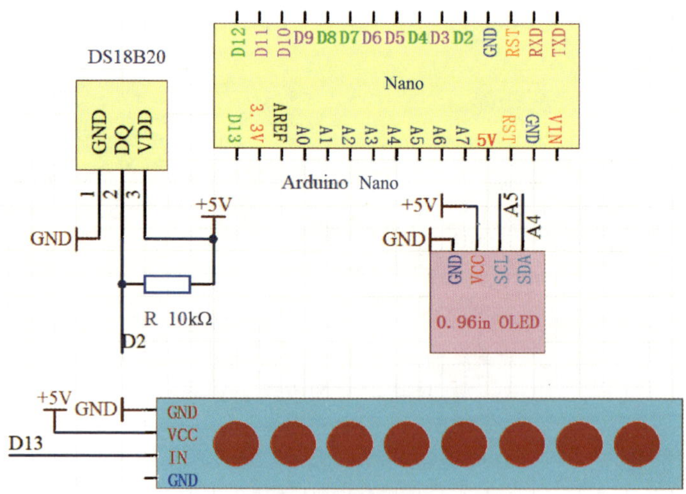

图4-40-2　电路图

• 硬件连接

见表 4-40-2～表 4-40-4。

表 4-40-2　Arduino Nano 与 WS2812 连接

序号	Arduino	功能	WS2812	功能
1	D13	数字接口	IN	控制信号输入
2	GND	负极	GND	负极
3	5V	电源	VCC	电源

表 4-40-3　Arduino Nano 与 OLED 连接

序号	Arduino Nano	功能	OLED	功能
1	GND	负极	GND	负极
2	3.3V	电源	VCC	电源
3	A5	SCL	SCL	时钟引脚
4	A4	SDA	SDA	数据引脚

表 4-40-4　Arduino Nano 与 18B20 连接

序号	Arduino Nano	功能	18B20	功能
1	GND	负极	GND	负极
2	5V	电源	VCC	电源
3	D2	数字引脚	DQ	数据传输

· 器材布局

如图 4-40-3。

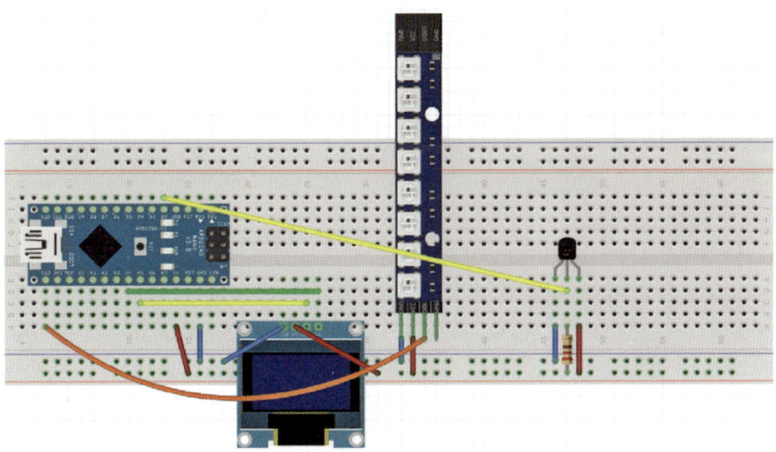

图4-40-3　布局示意图

· 实物布局

如图 4-40-4。

图4-40-4　实物布局图

• 编写程序

```
#include <OneWire.h>                   // 调用单总线库
#include <DallasTemperature.h>  // 调用传感器 18B20 库
#define datapin1 2                     // 定义 DS18B20 传感器数据传输引脚
OneWire onewire(datapin1);
DallasTemperature sensors(&onewire);

#include <Wire.h>   // 调用 I²C 库文件
#include <Adafruit_GFX.h>
#include <Adafruit_SSD1306.h>
#define SCREEN_WIDTH 128     // OLED 屏幕宽度
#define SCREEN_HEIGHT 64    // OLED 屏幕高度
#define OLED_ADDRESS 0x3C   // OLED-I²C 地址
Adafruit_SSD1306 display(SCREEN_WIDTH, SCREEN_HEIGHT, &Wire, OLED_ADDRESS);

#include <FastLED.h>    // 库文件
#define NUM_LEDS 8        // 灯带 LED 的数量
#define DATA_PIN 13       // 控制灯带数字接口
CRGB leds[NUM_LEDS];   // 建立光带 LED
#define BRIGHTNESS 20  // 设置 LED 的亮度，最大值是 255

static const unsigned char PROGMEM liang[  ] = {
  0x00,0x80,0x40,0x40,0x2F,0xFE,0x20,0x00,0x00,0x00,0x03,0xF8,0x12,0x08,0x12,0x08,
0x23,0xF8,0xE0,0x40,0x22,0x50,0x22,0x48,0x24,0x44,0x28,0x44,0x21,0x40,0x00,0x80,/*
" 凉 ",0*/
};
static const unsigned char PROGMEM wen[  ] = {
  0x00,0x00,0x23,0xF8,0x12,0x08,0x12,0x08,0x83,0xF8,0x42,0x08,0x42,0x08,0x13,0xF8,
0x10,0x00,0x27,0xFC,0xE4,0xA4,0x24,0xA4,0x24,0xA4,0x24,0xA4,0x2F,0xFE,0x00,0x00,/*
" 温 ",0*/
};
static const unsigned char PROGMEM re[  ] = {
  0x10,0x40,0x10,0x40,0x10,0x40,0xFD,0xF8,0x10,0x48,0x10,0x48,0x1C,0xC8,0x30,0x48,
0xD0,0xAA,0x10,0xAA,0x51,0x06,0x22,0x02,0x00,0x00,0x48,0x88,0x44,0x44,0x84,0x44,/*
" 热 ",0*/
};
static const unsigned char PROGMEM leng[  ] = {
  0x00,0x40,0x40,0x40,0x20,0xA0,0x20,0xA0,0x01,0x10,0x02,0x48,0x14,0x26,0x10,0x20,
0x23,0xF8,0xE0,0x08,0x20,0x10,0x21,0x10,0x20,0xA0,0x20,0x40,0x20,0x20,0x00,0x20,/*
```

```
" 冷 ",0*/
    };

    void setup( ) {
      sensors.begin( );        // 初始化温度传感器 18B20
      Serial.begin(9600);  // 串口波特率

      Wire.begin( );  // 启动 I2C 通信
      //// 初始化 OLED
      if (!display.begin(SSD1306_SWITCHCAPVCC, OLED_ADDRESS)) {
        Serial.println(F("SSD1306 初始化失败 "));
        for (;;)
          ;
      }
      display.clearDisplay( );

      FastLED.addLeds<WS2812, DATA_PIN, GRB>(leds, NUM_LEDS);   // 初始化 LED 光带
      FastLED.setBrightness(BRIGHTNESS);// 初始化灯带亮度
    }
    void loop( ) {
      sensors.requestTemperatures( );                 // 对传感器发送请求
      Serial.print(" 温度：");                          // 串口打印
      float val = sensors.getTempCByIndex(0);   // 读取温度值，并赋值给 val
      Serial.print(val);                                // 打印温度值
      Serial.println("℃ ");                             // 打印温度符号

      // 以下是 OLED 显示温度
      display.setTextSize(2);                       // 设置字体大小
      display.setCursor(0, 10);                     // 设置显示位置
      display.setTextColor(SSD1306_WHITE);   // 设置字体黑色，字体背景白色
      display.print("T:");                          // 显示内容
      display.print(val);

      if ((val>=24) && (val<=26))   // 温度判断级别读者自行修改
      {
        for (int i=0; i<8; i++) {
          leds[i] = CRGB::White;
          FastLED.show( );
        }
```

```
    display.drawBitmap(16, 40, liang, 16, 16, SSD1306_WHITE);// 可将 SSD1306_WHITE 位置写为 1
    Serial.println(" 温度小于 24℃，显示白色 ");  // 读者自行修改
  }
  if ((val > 26) && (val <= 30)) {
    for (int i = 0; i < 8; i++) {
      leds[i] = CRGB::Green;
      FastLED.show( );
    }
    display.drawBitmap(32, 40, wen, 16, 16, SSD1306_WHITE);
    Serial.println(" 温度在 26 ~ 30℃之间，显示绿色 ");  // 温度范围读者自行修改
  }
  if (val > 30) {
    for (int i = 0; i < 8; i++) {
      leds[i] = CRGB::Red;
      FastLED.show( );
    }
    Serial.println(" 温度大于 30℃，显示红色 ");  // 温度范围读者自行修改
    display.drawBitmap(48, 40, re, 16, 16, SSD1306_WHITE);
  }
  if (val < 24) {
    for (int i = 0; i < 8; i++) {
      leds[i] = CRGB::Blue;
      FastLED.show( );
    }
    delay(500);
    for (int i = 0; i < 8; i++) {
      leds[i] = CRGB::Black;
      FastLED.show( );
    }
    delay(500);
    display.drawBitmap(32, 40, leng, 16, 16, SSD1306_WHITE);
    Serial.println(" 温度小于 24℃，显示蓝色并闪烁 ");  // 温度范围读者自行修改
  }
  display.display( );  // 开显示
  display.clearDisplay( );
}
```

附录：所需器材清单及图示

在项目制作过程中需特别注意：由于不同生产厂家或产品批次的差异，元器件的引脚功能排列顺序可能存在区别。为确保项目顺利进行，请在实际操作中仔细核对并确认引脚定义。

序号	名称	规格	实物图	图示
1	电阻	220Ω		
2	电阻	10K		
3	LED	5mm-红	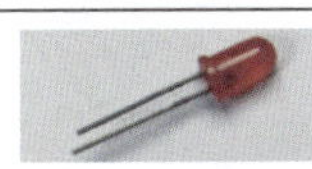	
4	LED	5mm-绿	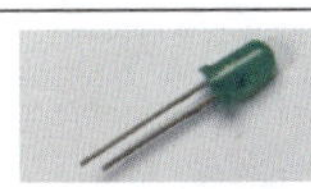	
5	LED	5mm-蓝	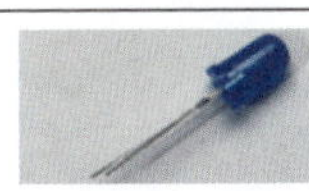	
6	七彩发光二极管	5mm	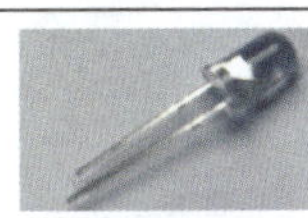	
7	OLED	0.96in		
8	温湿度传感器	DHT11	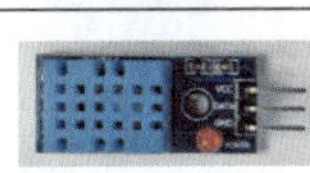	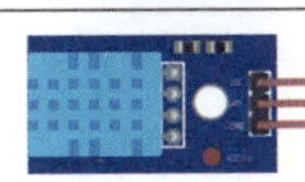
9	电位器	10K		
10	按键	2脚		

续表

序号	名称	规格	实物图	图示
11	数码管	1位0.56共阳		/
12	超声波模块	HC-SR04		
13	IC	74HC595		
14	四位数码管显示模块（74HC595驱动）	0.4in		/
15	WS2812	8位		
16	红绿灯模块	/		
17	温度传感器	18B20		
18	液晶显示屏	LCD1602（具备I^2C功能）	 分别为正背面	
19	实时时钟模块	DS3231		
20	舵机	SG90		

续表

序号	名称	规格	实物图	图示
21	火焰传感器	/		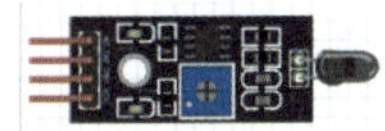
22	有源蜂鸣器	5V		
23	可燃气体传感器	MQ2		
24	人体红外感应模块	HC-SR501		
25	光敏电阻	/		
26	电机	5V		
27	集成块	ULN2003	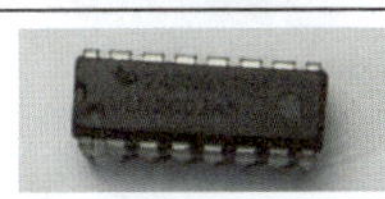	
28	按键	/		
29	水银开关	/	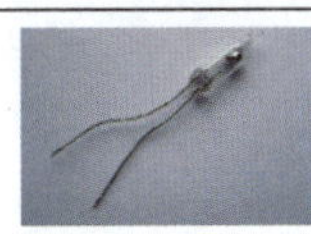	/
30	遥控接收头	/		/
31	遥控器	/	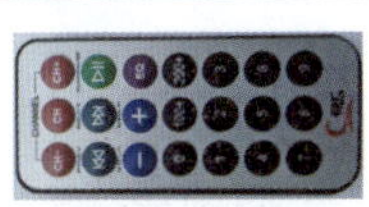	
32	电机驱动模块	L9110	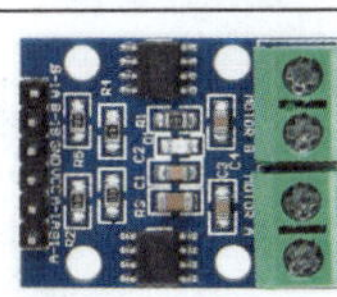	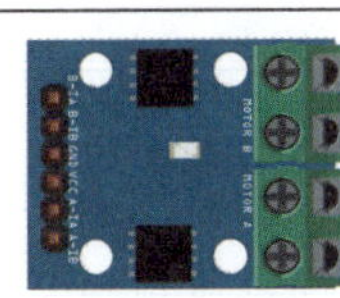

续表

序号	名称	规格	实物图	图示
33	电机	28BYJ-48		/
34	雨水传感器	/		/
35	点阵屏	MAX7219		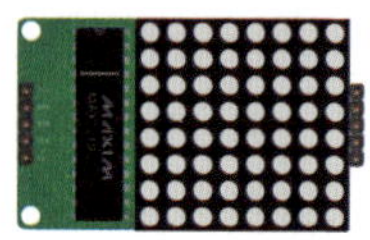
36	继电器	5V，高电平触发		/
37	小水泵	/		/
38	土壤湿度传感器	/		/
39	控制器	/		/
40	摇杆模块	/		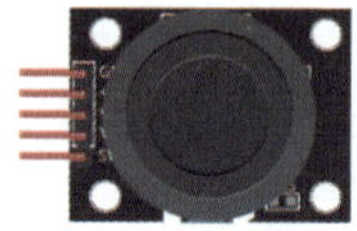
41	声音传感器模块	/		/
42	扬声器	8Ω